UN PREMIER SEMESTRE 2017

TRES RICHE

PREFACE

Ce livre est le deuxième de la série. Comme le premier, il retrace les aventures et mésaventures qui me sont arrivé avec mon petit cabriolet, une Peugeot 304S de 1973.

N'étant pas d'un caractère pessimiste, comme l'ont sans doute constaté, ceux qui ont eu le courage de lire le tome 1, ce Tome 2 est dans la continuité historique et humoristique. Certains personnages, nés dans le premier livre, font dorénavant partie du décor et de mes histoires. On peut citer :

- Ra : Le Dieu soleil, emprunté à la Mythologie Égyptienne. Il a tendance à transformer mon pauvre crâne en cocote, histoire de faire cuire mes quelques neurones à l'étouffée.

- Zeus : Le roi des Dieux Grecques. Maître du temps météorologique, c'est le faiseur de pluie. Il devient donc le trouble fête notoire pour les sorties en version cabriolet.

- Eole : Dieu Grecque, maître du vent. Il freine Titine quand il la regarde dans les yeux, Il transforme souvent l'ambiance extérieure en congélateur, surtout quand le mercure passe en dessous des 5 degrés

- la Dame en Rouge : Son appellation scientifique n'est autre que l'oxydation, ou plus vulgairement, la rouille. Elle a tendance à grignoter tout ce qui s'apparente à du métal, surtout les parties à l'abri du regard.

- les Gremlins : genre de bestioles sournoises et ravageuses, qui mettent le souk dans toutes réparations, ou dans les circuits électriques

- La loi de Murphy : Sacro sainte loi, dite aussi loi de l'emmerdement maximum, qui oriente tout objet ayant décidé de vivre sa vie, dans les recoins les plus reculés de votre habitacle ou de votre capot, causant le maximum de dégât sur son passage (Où de préférence, devenant inaccessible)

Tous les autres personnages sont bel et bien réels, sans modification de leur statut, ni de leur prénom (ils se reconnaîtront sans doute.)

Comme je l'ai déjà mentionné dans le tome 1, tout est rigoureusement exact, même si ces mésaventures auraient poussé plus d'un, à mettre ce charmant cabriolet sur le toit d'une casse, en guise d'enseigne publicitaire, ou à le transformer en boîte de conserve, dans le cadre d'un programme de recyclage utile ...

Mais comme dirait Alphonse de Lamartine : « objets inanimés, avez-vous donc une âme qui s'attache à notre âme et la force d'aimer ... ? ». Et c'est bien là le problème ... car m'en séparer, autant me couper un bras ... ! Que je l'aime ce tas de ferraille ... !

RESUME DU TOME 1

En 2012, à l'âge de 57 ans, et suite à un concours de circonstance heureux, j'ai pu concrétiser un rêve de longue date : acquérir un petit cabriolet des années 70.

Il est devenu, malgré lui, le personnage principal d'une longue histoire. Par affection, je l'ai nommé Titine, en souvenir de mes premières années de conduite, quand mon père me disait « pousse ta Titine, elle gène … ! ». Je l'appelle aussi parfois, mon petit destrier, ou mon petit cabriolet blanc.

 Comme beaucoup d'anciennes (Je parle de voitures évidemment !), Titine a été victime de pannes plus ou moins graves, dont la deuxième aurait pu mettre un terme prématuré à son existence au sein de notre famille.

Mais grâce à JP, et à mon fils, elle a repris vie, ce qui a permis, à mon épouse et à moi-même, de découvrir les joies du cabriolet, très souvent ponctués par des pannes anecdotiques.

Après cette panne qui aurait pu être tragique, j'ai repris en main l'entretien complet de mon petit cabriolet, pour assouvir ma passion de la mécanique, mais aussi par nécessité. De plus, on n'est jamais mieux servi que par soi-même, même si certaines réparations se sont avérées de vraies galères.

J'ai commencé par l'achat de quelques accessoires pour remettre Titine conforme à ses origines.

Outre les nombreuses pannes et remèdes que le lecteur a pu suivre de façon très détaillée, mais toujours narrées avec humour et autodérision, cette jolie petite auto nous a transportés, en solo ou en groupe, sur quelques routes de campagne de cette belle région Rhône Alpes. Elle a aussi participé à la caravane historique du tour de l'Ain cycliste, ainsi qu'à d'autres manifestations, plus ou moins solennelles.

Une aventure répartie sur 5 ans, entre son achat en 2012 et une dernière anecdote arrivée fin 2016.

Mais l'histoire continue, avec une nouvelle réparation effectuée en janvier 2017 … !

Mercredi 4 janvier 2017 : Cette fois, je suis parti pour tordre le coup à cette trachéite Titinesque. Je ne peux pas la laisser avec cette toux. Ayant procrastiné toute la journée, me voilà remonté pour bricoler. Est-ce la neige qui tombe qui me booste ?

Après avoir enfilé quelques vêtements chauds, et des Moon boots, je me dirige vers la petite auto. Je la débâche en prenant quelques précautions, car cette couverture continue vraiment à partir en loque. De plus, avec le froid, elle est raide comme une feuille de verre…

J'ouvre le capot, et commence par vidanger une partie du circuit d'eau, afin de pouvoir débrancher la durite supérieure du radiateur.

Pour récupérer le liquide, j'utilise mon bac spécial course, fabriqué à partir d'un vieux bidon d'eau déminéralisée (voir le chapitre « remplacement courroie »). Le petit tuyau connecté sur la sortie du robinet de vidange étant complétement gelé, donc souple comme un verre de lampe, impossible de l'orienter comme il faut vers le bidon placé sur le gravier.

Manque de bol, le fait de l'avoir bougé provoque une fuite, ce qui fait que la moitié du précieux liquide se retrouve prête à rejoindre la nappe phréatique (C'est pas bien ça...!). Inutile d'attendre que le radiateur soit vide. Je ferme le robinet pour limiter la pollution.

J'entreprends ensuite de démonter la durite. Celle-ci étant placée idéalement sous la prise d'air du carburateur, il me vient l'idée saugrenue de démonter cette dernière pour avoir plus de place.

Pour les deux écrous sur le cache culbuteur, pas de problème. J'ai seulement oublié que, pour retirer ce cornet complet, il faut accéder à une vis placée sur le bas du bloc, et accessible… en démontant le radiateur ou en s'arrachant la peau du dessus des mimines. Pour ça, pas glop… Je laisse tomber et tente un retrait de la durite à la wanegaine, c'est-à-dire, à l'arrache !

Après lui avoir fait subir les pires positions du contorsionniste, j'arrive à visualiser le contour, et l'intérieur de cette durite au niveau du collier. Bon ! Il y a bien quelques traces de rouille et un peu de dépôt, mais rien d'alarmant. Idem sur la partie mâle du radiateur. Un bon serrage devrait faire l'affaire pour cette partie… si fuite il y a…

Ne souhaitant pas démonter d'autres durites, persuadé que je suis qu'un bon coup de clef sur tous les colliers fera des miracles, je remets le liquide de refroidissement dans le radiateur.

Tiens ! Malgré la quantité non négligeable qui a rejoint directement le gravier, il ne semble pas en manquer beaucoup dans le radiateur ? Petit calcul… ! Si je multiplie la longueur par la largeur, puis par la hauteur de la boite à eau du radiateur, et sachant que dans le bidon, il ne devait y avoir que la moitié du liquide retiré, que ce bidon devait contenir environ 2,5 litres… Il devrait manquer environ … 2,377 cm de liquide ? Bon ! Le petit radiateur étant incapable de faire un tel calcul… je laisse tomber !

Je décide donc de resserrer les colliers de toutes les durites d'eau, en espérant que les différentes fuites proviennent d'un mauvais serrage. Il est vrai qu'avec une clef de 7 à pipe (rien à voir avec St Claude, ni avec Mme Claude non plus), ce serrage est facilité, et beaucoup plus efficace. Je fais quand

même attention de ne pas trop forcer, car je me connais, je suis capable d'exploser les colliers en forçant comme un bourrin !

Cette première opération « serrage global » étant réalisée, je démarre Titine. Une fois le moteur un peu chaud, je jette un œil un peu partout. J'ai toujours un peu de liquide qui suinte au dessus du radiateur mais je ne vois pas d'autre fuite. Je suis prêt à me réjouir quand tout à coup, le moteur cale dans un hoquet maladif...

Zut et rezut... ! Petit tour d'horizon au niveau de l'allumage... Oups ! Je constate une humidité très prononcée sur la tête de la bobine. Ha ça... pas bon du tout ! L'eau et l'électricité ne faisant pas bon ménage, il me faut séparer les deux protagonistes. Un bon coup de chiffon, et l'humidité disparaît. Deuxième démarrage... pas de problème !

Un coup d'œil dans le capot et... Tiens ! Qu'elle est donc ce bruit de claquage qui accompagne les ratés moteurs ? Je reconnais rapidement le son caractéristique d'un amorçage. Je jette l'autre œil vers la bobine, et perçois un arc électrique qui claque subrepticement.

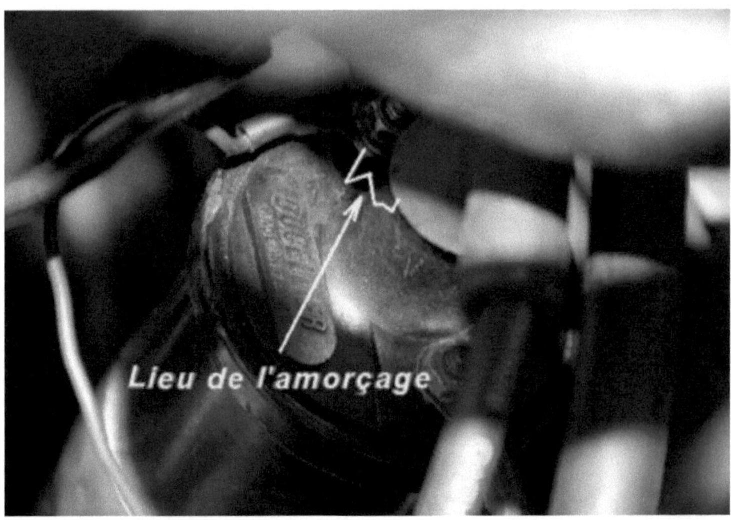

Oups ! Une petite monté en régime en tirant sur le câble d'accélérateur, et je vois nettement quelques gouttes d'eau s'échapper sournoisement, et de façon rapprochée, de la durite de chauffage.

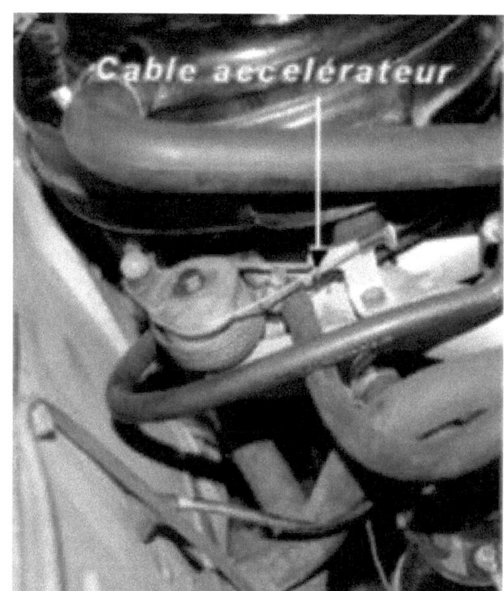

Mon resserrage de colliers n'a donc rien solutionné de ce côté-là. Je passe un doigt inquisiteur sous ce bout de tuyau et le verdict est sans appel : j'ai le doigt mouillé.

En d'autres circonstances, que la pudeur et la morale m'interdisent de préciser ici, cette humidité aurait été un bon signe... mais là... ! Pas glop, pas glop (pour les aficionados de petit Pifou) !

Je suis maintenant persuadé que tous mes problèmes sont liés. En résumé et selon mon avis personnel, auquel je me rallie le plus souvent, la fuite de la durite de chauffage éjecte du liquide de refroidissement sur la bobine d'allumage, provoquant, comme tout bon électricien doit s'en douter, un amorçage intempestif, nuisible au bon fonctionnement du moteur.

Pour ceux qui ne connaissent pas forcément le principe, la bobine génère une tension de l'ordre de 20 000 V au moment où les vis platinées s'écartent, c'est-à-dire au moment précis (j'insiste sur le mot 'précis') où les bougies doivent enflammer le mélange air/essence au-dessus du piston. Si les 20 000 volts n'arrivent pas sur les bougies à cause d'un arc qui a décidé d'aller se balader ailleurs (cas de l'amorçage cité plus haut), les bougies ne peuvent plus jouer leur rôle, et le moteur a des ratés (voir même s'arrête). Sur ce constat sans appel, je coupe le contact.

Confondant vitesse et précipitation, je commence par débrancher la durite en question, en oubliant de vidanger de nouveau, et partiellement, le circuit d'eau (tu parles d'un mécano à la gomme... !). Étonnamment, peu d'eau s'écoule. Je m'attendais à voir le circuit se vidanger par cette brèche provoquée par votre serviteur, mais plus rien ne coule. Il faut dire que cette durite est sur un point haut du circuit... Mais quand même ... ! Et voilà que toute ma science fait le rapprochement entre tout ce que j'ai pu constater.

Je suis comme l'inspecteur Bourrel à la fin de son enquête : « Mais bon Dieu... Mais c'est... bien sûr !». (Bon ! Ça, les moins de 20 ans ne peuvent pas connaître !) Regardons les indices :

-       Titine a des ratés quand j'accélère... !

-       J'ai une fuite d'eau, concrétisée par quelques gouttes et des traces sur le moteur... !

-       J'entends nettement un amorçage (constaté aussi visuellement)... !

-       Peu d'eau coule par la durite du chauffage douteuse quand je la débranche... !

Alors ... ? Allez ...! Je vous donne le résultat de mon enquête ! Lorsque j'accélère, la pompe à eau ramène du liquide dans la durite de chauffage qui fuit (c'est le rôle de la pompe de pousser le liquide dans tous les circuits.) Ce pseudo remplissage fait monter la durite en pression, ce qui a pour conséquence, de laisser couler quelques gouttes de liquide (au ralenti, la durite doit être vide ou à faible pression). Ce dernier est projeté sur la bobine quand Titine roule, ou que le ventilateur est enclenché. L'élément aqueux (mouillé comme tout élément aqueux qui se respecte), rencontre une zone où la tension électrique est très élevée, deux fois par tour moteur. Cette rencontre des frères ennemis provoque un amorçage intempestif, supprimant des allumages dans les cylindres, ce qui entraîne les ratés... ! CQFD !

J'arrête la coupable (la durite), et lui coupe la tête (Au secours Badinter... !). Je ne lui retire que quelques centimètres seulement, car cette foutue durite n'est pas forcément remplaçable dans son intégralité. En effet, c'est un tuyau qui traverse le compartiment moteur, pour passer dans l'habitacle, avec une boursouflure pour l'étanchéité.

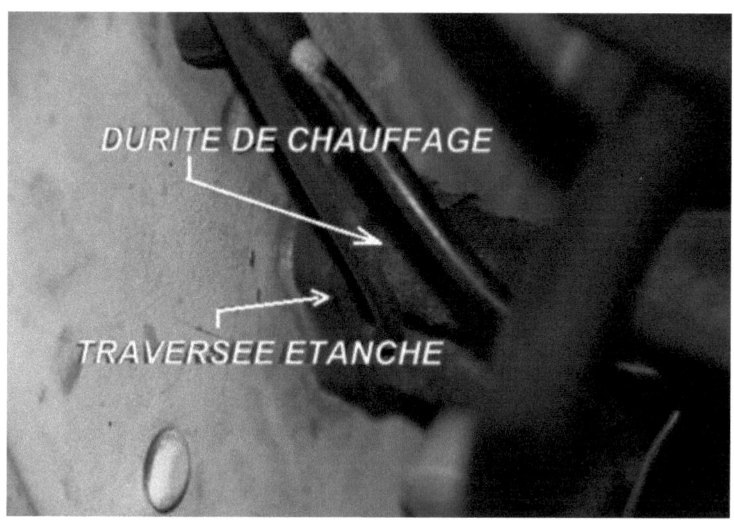

Après l'avoir rebranchée, resserré son collier, et passé un coup de chiffon pour sécher la bobine, je redémarre. Le doigt inquisiteur ne détecte plus d'humidité. Ouf... ! J'accélère un peu, et entends nettement quelques amorçages accompagnés de ratés moteur. Scheisse... dirait-on outre Rhin !

Comme il fait nuit, je coupe la baladeuse qui éclaire mon chantier, et scrute attentivement l'arrière du moteur. De beaux éclairs illuminent cette partie du capot, juste sous la durite d'essence, et toujours sur la bobine.

Alors là, c'est pas cool... Des arcs se forment toujours au même endroit, même après avoir tout essuyé. Il faut que je peaufine le séchage du câble haute tension. J'arrête de nouveau le moteur, car je ne tiens pas à finir comme Claude François. Même si le risque de rester sur le carreau est très faible, ce genre de coup de jus fait trop mal.

Après avoir bien essuyé l'isolant de la bobine et l'intérieur de la tétine du câble HT, je remonte le tout et redémarre. Clac... ! « Comment ça Clac... ? ». Y aurait-il encore des amorçages ? Je coupe la baladeuse pour faire le noir, et le verdict est implacable ! De beaux arcs électriques chatouillent ma rétine,

exactement entre l'isolant du fil HT et la borne plus de la bobine. Rien n'a changé.

Comme tout est sec, je ne vois plus qu'une cause possible… l'isolant du câble est poreux ou percé. Il faut donc le remplacer. Heureusement, j'ai gardé l'ancien câble dans le coffre de Titine.

Après avoir déniché l'objet convoité dans le foutoir très ordonné du coffre, je le monte à la place de celui défectueux. Il est rouge, et les autres fils d'allumage sont noirs, mais qu'importe ! J'suis pas raciste…

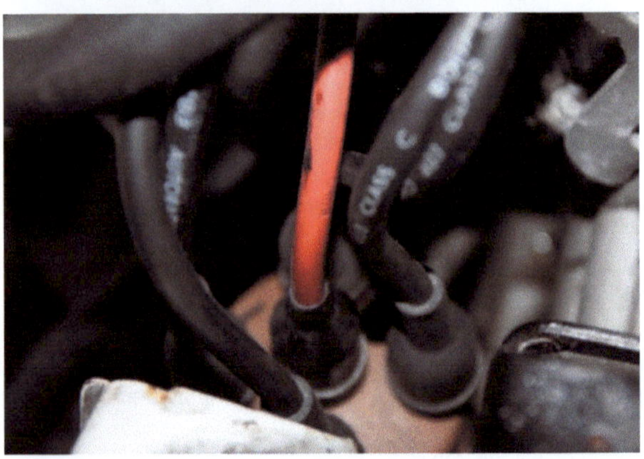

Cette détérioration de l'isolement du câble m'intrigue quand même, vu que j'ai remplacé tout le faisceau après l'épisode de la traboulée. *

*voir « les aventures et mésaventures de Titine » Tome1 (Un quinquennat de galères)

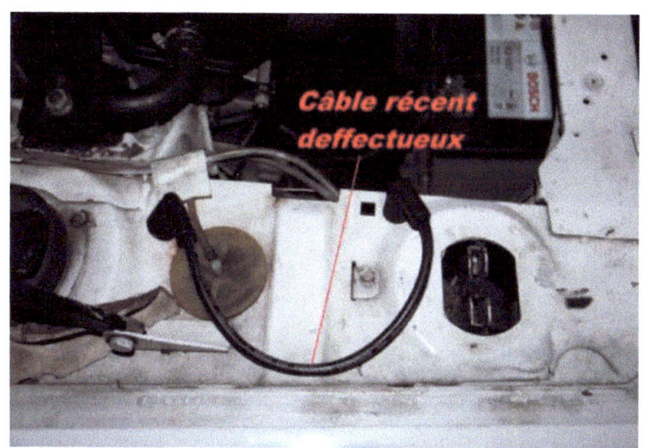

A l'époque, n'ayant pas encore trouvé la cause de la grève du cylindre numéro 4, j'avais remplacé tout le faisceau d'allumage et la tête de l'allumeur. Hors elle aussi vient de s'avérer défectueuse (charbon cassé). La qualité des pièces modernes aurait elle à pâlir, face à celle des anciennes ? Ou serait-ce du 'Made in China' ? Trêve de baliverne ! Je replace donc l'ancien câble et démarre Titine.

Après avoir pratiqué l'extinction des feux en coupant la baladeuse, j'observe attentivement en direction de la tête de la bobine. Je traque le moindre éclair ! Rien... Quedal... Nib... Pas la moindre trace de l'arme de Zeus. Ouf... ! Le moteur tourne rond et c'est un vrai plaisir. Mes yeux s'étant un peu habitués à l'obscurité, je perçois cependant quelques effluves électriques au niveau des fils de bougie (petits arcs violets).

Ce n'est sans doute pas grave, mais de mémoire de mécano amateur, je n'avais jamais remarqué ce phénomène. Il faut dire aussi que je répare rarement un moteur dans le noir. Ces fils, seraient-ils aussi poreux qu'une pierre ponce ? Comme le moteur tourne comme une horloge suisse, je laisse tomber provisoirement ce problème.

Après avoir rallumé la baladeuse, je décide de m'occuper d'un autre problème : jeter un œil sur le volet permettant de récupérer l'air chaud.

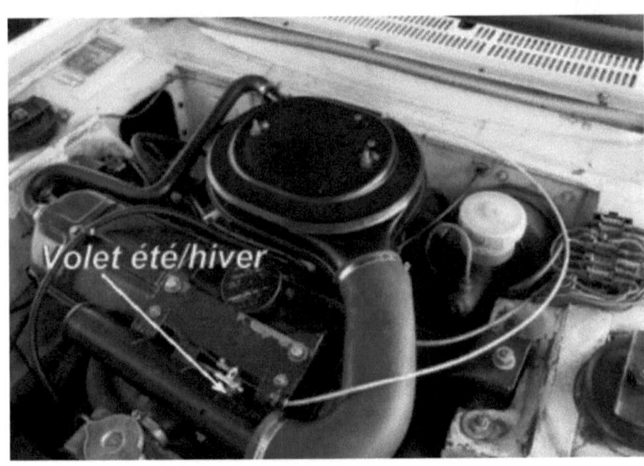

Je commence par démonter le couvercle du filtre à air où se trouve l'organe de commande automatique de ce volet.

J'étudie quelques instants l'ensemble pour en comprendre le fonctionnement. Pas très compliqué ! C'est quand le trifouilleur à pédale pousse le shmilblic, que le polivalveur à bretelle tire sur la chevillette, ce qui fait basculer le clapet compulsif...

Ça, c'est l'explication qu'aurait donnée un garagiste sans scrupule (Tu es d'accord avec moi Francis... ?). Mais la réalité est plus simple. En vérité, je vous le dis, sous le couvercle du filtre, il y a un petit cylindre dans lequel se trouve une cire qui se dilate avec la température.

Si j'ai bien compris le fonctionnement de cette glute, cette cire pousse un petit piston qui, par l'intermédiaire d'un petit levier, tire sur le câble qui fait basculer le volet.

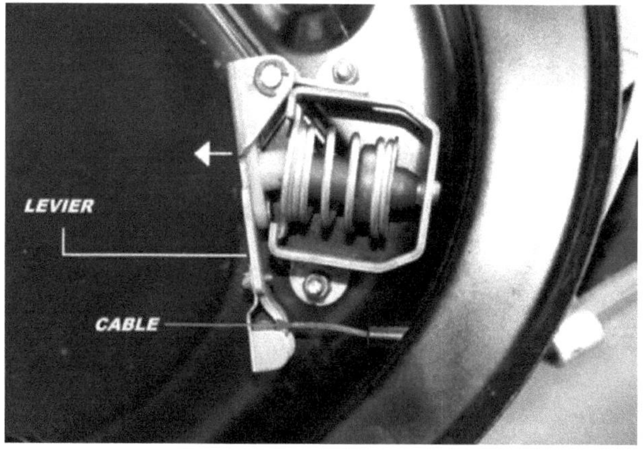

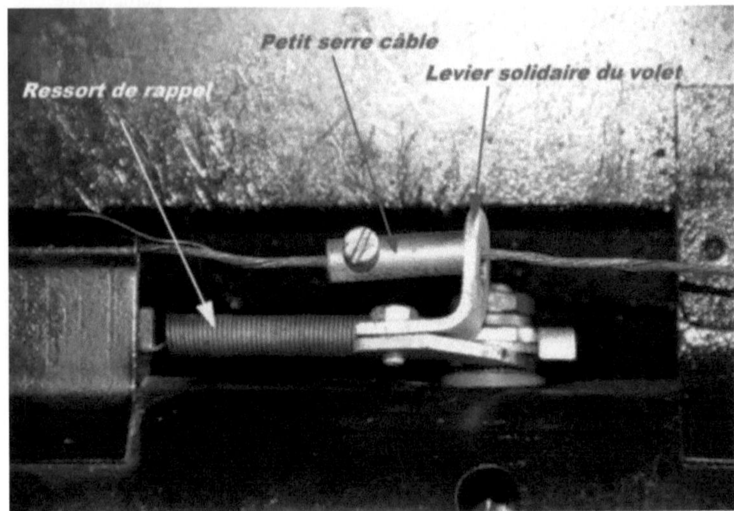

Un ressort tire sur le volet dans l'autre sens, quand la température baisse et que la cire se contracte, permettant au volet de prendre la position hiver. C'est plus clair non… ? Tant pis ! Je vous ferai un dessin si vous voulez.

Bon ! En attendant, je constate que le volet est en position été…

... alors que, sauf si la neige se met à tomber pendant la saison chaude à cause du dérèglement climatique, la température polaire actuelle devrait l'avoir placé en position hiver.

Le câble est donc trop tendu ! Je desserre donc le petit serre-câble qui permet le réglage, jusqu'à ce que le volet prenne la bonne position.
Il ne reste donc plus qu'à voir si ce volet reprendra la position été, quand la température va regrimper (dans quelques mois).

Vendredi 6 janvier : J'ai beaucoup de courses à faire, et j'ai trop envie d'essayer Titine. Je récupère donc les clefs, retire la bâche de protection et m'installe au volant. Il fait -4 degrés, mais qu'importe ! Le soleil brille et les routes sont sèches.

Quand je tourne la clef pour entraîner le démarreur, ce dernier tourne à l'extrême ralenti. Ah la barbe... Cependant, à ma grande surprise, le moteur démarre quand même... Je n'en reviens pas ! Mon petit contrôle de l'allumage, ainsi que le nettoyage des bougies, porteraient-ils leurs fruits ?

Je refais plusieurs démarrages dans la journée et à chaque fois, le petit 1300 démarre au quart de tour, même si la batterie a du mal à retrouver la pêche.

Samedi 7 janvier : Même envie que la veille, et... même constat. La température étant encore plus basse (-10 degrés au réveil), la batterie a encore plus de mal à fournir l'énergie nécessaire au démarreur. Cependant, le petit moteur part au quart de tour quand même... Que du bonheur.

Tout compte fait, je fais presque 100 km pour faire mes courses ! Mais je l'avoue, c'est surtout pour le plaisir. Ce que j'aime ça... hummmm !

De retour à la maison, je recouvre Titine de sa bâche, non sans avoir tiré le starter pour faciliter le prochain démarrage…

23 janvier 2017 : Je vous vois venir ! Vous vous dîtes :

-       « mais qu'est-ce qui peut lui arriver en plein hiver avec un froid pareil. Ne devrait-il pas attendre le printemps pour sa prochaine sortie ? »

Et vous auriez en partie raison. Qu'est-ce qui me prend de vouloir sortir Titine par -7 degrés ?

A vrai dire, le paysage entièrement givré m'inspire pour faire des photos, et je vois bien Titine dans ce décor blanc.

Il est 10h00. Je profite de l'opportunité de faire des courses, pour envisager un petit tour vers Chalamont. Je sais qu'il y a un bel étang qui doit être tout gelé en ce moment. Je débâche Titine et m'installe au volant.

En tournant la clef de contact, j'ai un premier doute. Les voyants s'éclairent, mais comme pour veiller les morts. M'est avis que la batterie n'a plus beaucoup de coco. Cela s'avère exact, quand au deuxième cran de la clef, le petit 1300 ne tourne qu'à 1 tour par seconde. C'est sûr qu'à cette vitesse, il n'est pas près de démarrer. J'insiste un peu… des fois que cela donne un peu de chaleur à cette batterie frigorifiée. Je tire sur le démarreur encore quelques secondes puis je capitule. Ne voulant pas abandonner pour autant l'idée des photos, avec le petit cabriolet en décors, je retire la batterie, pour la charger au chaud une heure ou deux. En attendant, je fais quelques courses avec la C5, et reporte ma balade pour cet après-midi.

14h00 : je récupère la batterie pour la remettre en place.

Je décide quand même de bien la fixer, car depuis les trois dernières sorties, elle était juste posée dans son logement. Quatre heures de charges ont dû suffire, et comme je suis joueur, je pars du principe que je n'aurai pas à la redémonter de suite.

En effet, au premier coup de clef, le démarreur s'élance au bon régime, et le petit moteur démarre, en faisant entendre le son joyeux de son échappement archaïque. Super ! Je vais pouvoir faire mon shooting…

Me voilà parti sur la route de Chalamont. Comme la température extérieure n'a rien à envier à celle d'un congélateur, je décide de mettre en service le ventilateur de chauffage, pour éviter les engelures aux mains et aux pieds. De plus, la buée commence à s'installer sur le pare brise, ce qui n'est pas top pour croiser les autres usagers, et visualiser à temps, d'éventuels sangliers ou autres bêtes à poil ou à plume.

Je ne sais pas pourquoi, mais au moment précis où j'enclenche le ventilateur, mon regard se porte sur le tableau de bord. Tiens ? Coïncidence ou pas, le voyant de charge batterie vient de s'allumer plein feu.

Je repousse la tirette du ventilo … Le voyant s'éteint !

Je remets le ventilo, le voyant se rallume… ! Étrange ?

Je laisse donc le hacheur de feuilles mortes à l'arrêt un moment, juste pour voir. Rien ! Le voyant reste en léthargie. Ben mince alors ! Qu'est-ce que c'est que ce bin's … Par acquit de conscience, après 5 minutes d'attente, je relance le moulin à vent… Bim ! Le voyant repart au rouge. Cette fois, je le laisse quelques secondes, et malgré le boucan qui règne dans l'habitacle (Titine fait encore plus de bruit quand il fait froid à cause, sans doute, des joints congelés), je ne perçois aucun son provenant du circuit de chauffage. Ben manquerait plus que ça ! Voilà que le ventilo part en grève à son tour. Décidément ! Pourquoi ai-je racheté cette usine à gaz, où tous les employés se mettent en grève les uns à la suite des autres ? Ou alors ! Le dit ventilo est pris dans la glace … Il va falloir que je vois ça après le dégel !

Sur ce constat d'échec, je passe un petit coup de lingette sur le pare-brise. Bof ! Le résultat n'est pas heureux, mais c'est mieux que rien.

Je décide cependant de poursuivre mon idée de shooting au bord de l'étang. C'est pas que je suis têtu, mais je refuse de baisser les bras devant cette provocation !

Arrivée sur place, le décor est à la hauteur de mes espérances. Il manque peut-être un peu de neige, mais qu'importe. Je place le pied photo et fait quelques shoot !

Ne souhaitant pas avoir une mauvaise surprise au démarrage, je laisse le moteur tourner. C'est aussi une bonne chose, puisque je peux laisser les feux allumés, ce qui donne un plus de peps aux photos.

Après m'être bien gelé les arpions, je retourne à la maison, bien content de ma petite séance.

J'y vois un peu mieux qu'à l'aller, même si la buée ne peut toujours pas être éliminée. J'évite seulement de respirer, pour ne pas voir la vapeur d'eau issue de mes poumons se rajouter à celle présente dans l'atmosphère.

Autres conséquences de la grève du ventilo : le chauffage est aussi efficace que celui d'une 2 CV, c'est-à-dire que le peu d'air qui sort des bouches est à peine plus chaud que l'air de l'habitacle. Cela ne m'empêche pas de savourer mon plaisir, et de ne rien regretter.

Encore une petite sortie sympa …Et un problème de plus à résoudre. Que du bonheur !

<u>55) PROBLÈMES ÉLECTRIQUES MAIS PAS QUE !</u>

En ce beau vendredi du 27 janvier 2017, voilà que je décide de reprendre Titine. Ça m'est venu comme une envie soudaine, alors que j'étais parti pour faire des courses avec la C5. Il faut dire que la température a légèrement augmenté, et que ça sent presque le printemps. Bon ! Il fait encore -3 degrés, mais un pâle soleil pointe son nez, ce qui n'était pas arrivé depuis belle lurette.

Je débâche donc mon destrier blanc, et m'installe à son bord, non sans avoir récupéré les clefs au préalable.

Premier cran du contact… ! Tiens, aucun voyant ne s'allume ? Je sens déjà poindre le verdict : 'batterie complétement HS' ! Un de mes neurones n'a pas dû percuter sur ce premier constat. Il aurait dû me faire descendre immédiatement, mais contre toute attente, ma main tourne un cran de plus la clef de contact. Titine fait un bon en avant. Surprise ! Le démarreur veut bien bosser, alors que mon pied gauche a déjà capitulé, et a lâché la pédale d'embrayage (je laisse toujours une vitesse enclenché, car avec le froid, tirer le frein à main n'est pas très recommandé.)

Gloups ! La batterie a donc encore du jus ? Cette fois, je retente un démarrage dans les règles de l'art et le petit 1300 part au quart de tour. Youpiii ! Allais-je dire, si le tableau de bord se mettait à l'unisson du moteur. Mais ce dernier reste tous feux éteints. Même la jauge à essence refuse de décoller du niveau très bas détresse. Bon ! Ce n'est pas ça qui va m'empêcher de rouler.

Je pars donc donner quelques pièces de voitures, commandées par erreur, à mon ami J.P. En route, j'entends un bruit suspect que j'ai du mal à définir. Cela ressemble au son d'un vieux bout de tôle qu'on ferait tourner autour d'un axe. Quelle partie du moteur peut bien faire un son pareil ? L'alternateur ? Un petit coup d'œil sur le voyant de charge… Mer… c'est vrai qu'il ne fonctionne pas ! Quoi d'autre ? La pompe à eau ? Même coup d'œil, et même remarque que pour le voyant de charge ! Elle ne fonctionne pas non plus ! Bon ! Comme il n'y a pas péril en la demeure, je verrai tout ça une fois à l'arrêt chez JP.

Une fois chez lui, et après lui avoir refilé mes pièces, j'ouvre le capot et… Zut ! Une camionnette veut rentrer dans son allée, et mon stationnement la gène ! Bon ! Je suis obligé de déguerpir. Je repousse mes investigations à l'étape suivante : 'le magasin de graines pour oiseaux'.

Arrivée sur place, et après avoir acheté 15 kg de graines, pour nourrir tous les oiseaux du département qui se précipitent chez moi en période de disette, j'ouvre le capot, et jette un œil scrutateur.

En premier lieu, mon regard se porte sur la pseudo-boîte à fusible ! Rien ! Tous les fusibles sont Ok. Aucun ne s'est sacrifié pour protéger une partie quelconque de ce circuit électrique qui frôle la ruine. La panne du tableau de bord vient donc d'ailleurs, et j'ai bien peur que la révision des circuits, que j'avais prévue en 2080 dans un premier temps, ne soit à envisager au plus tôt ! Encore une histoire de connectique obsolète…

N'ayant rien trouvé côté fusible, je cherche d'où peut provenir le bruit suspect.

Voyons côté pompe à eau ... ! Je dévisse délicatement le bouchon du radiateur pour vérifier le niveau d'eau. Le petit pschitttttttt de dégonflage se fait entendre quelques secondes. L'eau chaude est donc bien arrivée jusque-là.

Après le retrait du bouchon, et malgré la petite fuite persistante sur le sommet du radiateur, le niveau semble correct. J'entends bien quelques gargarismes de tuyauterie, signe que ce circuit a avalé de l'air, mais le niveau ne bouge pratiquement pas. Je refais quand même un petit complément, referme le bouchon et relance le moteur.

Le bruit de vieille tôle en rotation se fait de nouveau entendre par moments, mais compte-tenu du niveau sonore du reste du moteur, impossible de localiser l'instrumentiste dissonant. Je soupçonne la pompe à eau dont le rouet est en train de vouloir jouer cavalier seul. Je vérifierai ça ultérieurement, quand il fera plus chaud. Je tâte un peu les durites pour voir si elles sont toutes à la bonne température. Je ne remarque rien de particulier, sauf qu'elles ne sont pas chaudes comme elles l'étaient cet été. Rien d'anormal à ça, puisque le mercure ne veut pas grimper au-dessus de la température de la glace fondue. Je referme le capot et redémarre.

Jetant un œil machinal sur le tableau de bord, je constate avec surprise que tout semble être revenu à la normale ! Ben mince alors ! La jauge à essence et la température d'eau indiquent de nouveau quelque chose, et le voyant de charge est, comme quand tout fonctionne bien, éclairé à demi-feu. Je n'aime pas du tout les pannes qui vont et qui viennent ! Allez chercher une panne qui a disparu ? Autant jouer à cache-cache avec un fantôme !

Comme le jour commence à décliner, j'allume les feux de croisement. Ah ! La part contre, le voyant vert des veilleuses, et les lampes d'éclairage du tableau de bord, ne s'allument pas. Vu la puissance démoniaque des phares de Titine, impossible de voir si ceux-ci sont bien éclairés. Il me semble bien voir le reflet d'une légère lueur jaune dans la carrosserie de la voiture qui me précède, mais il n'y a rien d'évident. Je vais donc devoir rentrer en vitesse, car si la nuit tombe vraiment, et que les feux ne brillent pas par leur présence, je vais être obligé de me guider à la lampe de poche.

J'arrive juste à rentrer alors que la nuit tombe. C'est en arrivant à la maison, que je vois bien le reflet jaune des phares contre le portail. Bon ! Ce n'est sans doute que l'éclairage du tableau de bord, et les voyants vert et mauve des phares, qui font grève... !

Je vais tâcher de trouver le mode commun, dès que je pourrai mettre le nez dans le capot, ou sous le tableau de bord…

56) VOUS AVEZ DIT PROBLÈMES ÉLECTRIQUE ?

Vendredi 3 février - 13h30: Allez savoir pourquoi je décide de prendre Titine pour aller faire quelques courses, alors que le ciel est menaçant ? Sans doute ce sixième sens qui vous pousse à faire quelque chose d'irrationnelle, alors qu'il existe des solutions très logiques qui font appel au bon sens. En l'occurrence, l'utilisation de la C5 qui est déjà sortie, aurait relevé du BSP (Bon Sens Paysan). Mais quand le démon de ' je ne sais pas quelle heure' vous titille le cortex (celui de midi est déjà pris par ce que vous savez.), difficile de lutter contre son instinct.

-       « Bougre de Maso … » allez vous dire !

Je consulterai un psy plus tard pour valider.

Deuxième cran sur la clef : le petit 1300 démarre au quart de tour. Quel bonheur d'entendre le son harmonieux de ce petit moteur ! Quand je dis harmonieux, il s'agit bien du sens étymologique du terme, à savoir : 'une succession d'accords', par opposition à mélodique. Et là, des accords, il y en a de toutes sortes. Je passe sur tout ce qui peut émettre un son étrange quand le moteur tourne, car la liste, sans doute non-exhaustive, ressemble déjà à celle des 2 furets dans la publicité bien connue. Mais si ! Vous savez ! Quand ces deux charmantes bestioles déroulent leur liste d'assureurs devant le maître d'école, avant de se faire coiffer d'un bonnet d'âne !

Concernant ma liste de sons, il y en un que je n'aime pas trop, car il n'apparaît que par moment : celui de crécelle ou de tôle en rotation. C'est sans doute pour aller plus loin dans mes investigations que je décide de sortir Titine en cette journée.

Me voilà donc sur la route en direction d'Ambérieu. Je dois d'abord passer par la poste. Je m'arrête devant un bar, où un bon client, à la dégaine fière et titubante, vient jeter un œil sur le petit cabriolet.

-       « Elle est pas jeune !» , me dit-il sans utiliser le 'mec bourré première langue'.

-       « De 1973, » lui dis-je avec un bon sourire.

-       « Ah ! Je suis un tout petit peu plus vieux qu'elle.»

-       … ?

À la vue de son aspect général, je me demande ce qu'il entend par le 'un tout petit peu' …?

Je poste donc une première lettre. Le bureau de poste étant fermée, comme chaque fois que j'essaie d'y pénétrer (celui-ci ne doit ouvrir que le matin, de 9h00 à 9h05, les trois premiers jours des semaines impaires.), je

rejoins Titine pour aller à l'autre bureau situé au centre ville. Je dois peser et affranchir ma deuxième lettre.

Deux autres habitués des sièges de comptoirs tournent autour de ma petite auto. A croire que mon piège à minette s'est transformé en piège à piliers de bar !

Arrivé à destination, quelques gouttes de pluie commencent à tomber. Le temps de me stationner sur un parking, et la menace hydraulique semble s'éloigner.

Après la poste, je dois passer chez mon assureur, dont les bureaux sont situés à une cinquantaine de mètres. Les nuages me regardent toujours du coin de l'œil, semblant me dire avec un sourire narquois :

-        «Prends ton temps ! On t'attend… ! »

Au sortir des bureaux, je fonce vers Titine, pour rejoindre mon troisième point : 'la jardinerie'.

C'est là que les premières vraies gouttes commencent à nous arroser. Que faire ? Rentrer à la maison, ou tenter les 10 km supplémentaires me permettant de rejoindre cette fameuse jardinerie ? Allez ! Soyons fou ! Tentons la jardinerie… À peine ai-je pris cette décision, que Zeus essaie de m'en dissuader. Le voilà qui s'amuse à déverser une partie de sa réserve sur ma pauvre Titine qui, comme les trois quidams de tout à l'heure, n'aime pas du tout l'élément H2O.

J'enclenche les essuie-glaces et … ! Mer… ! Ces derniers refusent d'obtempérer à mes injonctions. Ils restent désespérément à leur place sans émettre le moindre signe de reprise du travail. Grrrrr… ! Je croyais avoir fait le nécessaire pour les stimuler ! C'est en jetant machinalement un œil sur le tableau de bord, que j'aperçois le voyant de charge, allumé plein feux. Alors ça… ! Je bascule l'interrupteur des essuie-glaces en position arrêt et le voyant s'éteint.

Je me retrouve donc avec le même problème que celui du hachoir à feuilles mortes qui sert de ventilateur pour la « climatisation ». Il est donc inutile d'incriminer ce dernier. Je dois chercher un mode commun à la défaillance de ces deux protagonistes.

En attendant, plus question d'aller chercher des cacahuètes pour les oiseaux à la jardinerie. Il faut rentrer rapidement à la maison, sans essuie-glaces, et sans ventilateur pour la buée. Je n'ai que dix kilomètres à faire, mais ça va quand même être coton… !

Heureusement, en me rapprochant du domicile conjugal, la pluie diminue légèrement. Sans doute que les nuages n'avaient pas prévu que je prendrai cette direction ? Par contre, la route étant mouillée, c'est la voiture qui me précède qui me projette, avec ses roues, une eau beaucoup moins propre. Je ralentis donc, pour éviter au pare-brise d'accumuler un mélange boueux, ce qui n'arrangerait pas mon affaire.

J'arrive enfin à la maison, avec une pluie qui a repris de la vigueur, accompagnée un vent à décorner les bœufs. Je gare Titine sous son abri qui, compte-tenu des éléments déchaînés, n'arrive plus à remplir son office. Malgré le toit, la pluie continue de frapper mon pauvre petit cabriolet. Inutile donc de remettre la bâche de protection pour l'instant. Cela ne pourrait qu'encourager la dame en rouge de grignoter la vieille carrosserie. De plus, j'ai bien l'intention, quand la pluie cessera, d'ausculter le circuit électrique, pour voir d'où viennent ces pannes simultanées.

En attendant, une fois rentré au chaud, je jette un œil sur la revue technique pour comprendre ce qui peut se passer. Je n'ai pas le temps de trop enquêter, car la mission ' cacahouètes oiseaux ' n'a pas été remplie, et je dois y retourner. Je laisse donc tomber pour l'instant, et prends la C5 pour m'acquitter de cette tâche importante.

De retour à la maison, je replonge mon nez dans la revue technique. Je suis les différents circuits, et commence à rassembler les pièces du puzzle. Quels sont les faits ?

-       Les essuie-glaces ne fonctionnent pas.

-       Le ventilateur ne fonctionne pas.

-       Quand j'enclenche l'un ou l'autre, le voyant de charge s'allume.

-       Les voyants d'éclairage du tableau de bord restent éteints quand j'allume les feux

-       Le voyant vert, et le voyant bleu de signalisation des feux de croisement et de route, ne s'allument jamais

Ça, ce sont les faits. Comme tout ne peut pas me lâcher en même temps (sauf en cas de grève générale, avec blocage du 12 volt), je dois trouver le serial killer du jus. Le schéma global est trop touffu et trop petit pour ma vue qui baisse.

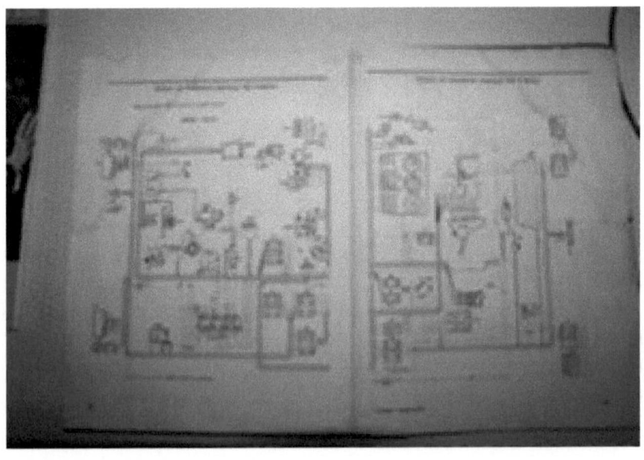

Pour ce, je décide de refaire le schéma électrique de Titine, en virant tout ce qui n'a rien à voir avec le problème.

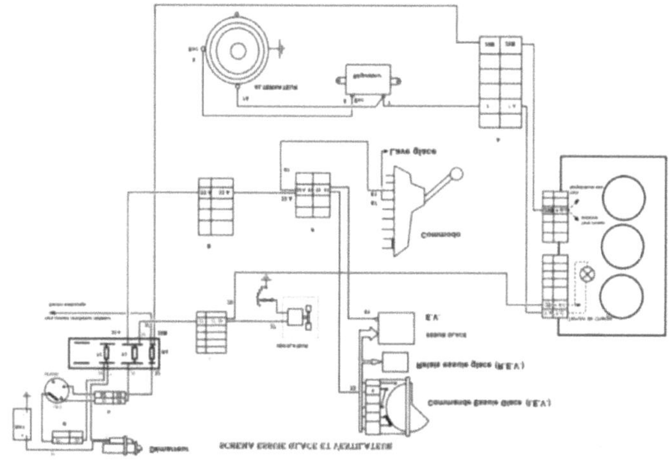

Schéma que j'ai redessiné pour simplification en vue d'une analyse approfondie.

C'est en réalisant cette tâche, que mes soupçons se portent sur l'absence, presque certaine, du 12 volts sur les bornes du fusible numéro 3.

Je m'explique... ! Pour les néophytes en électricité auto, je vais tâcher de rester simple (un petit cours d'électricité de base ne fait pas de mal !)

Le schéma simplifié montre que le 12V d'alimentation du ventilateur (borne 27) vient de ce fusible numéro 3. Je revérifie que ce dernier n'est pas passé de vie à trépas, en se faisant sauter comme un vulgaire kamikaze.

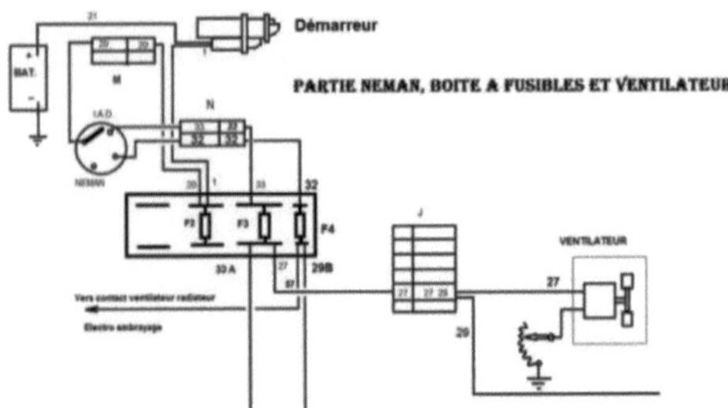

La partie essuie-glace est alimentée par les fils 61 et 33, reliés aussi au fusible F3, via les connecteurs P et B et le fil 33A.

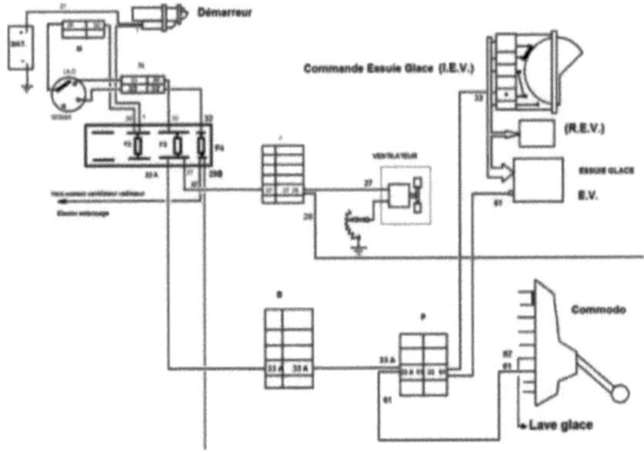

L'alimentation des voyants du tableau de bord semble aussi passer par ce fusible. (borne 29, reliée aussi à la borne 27 du ventilateur)

Une des bornes du voyant de charge doit être reliée à l'alimentation de l'éclairage du tableau (borne 29). Si mes soupçons sont exacts (ce que je refuse de mettre en doute pour l'instant), dans cette configuration, le moins des lampes d'éclairage doit être relié à la masse, via le commodo des phares.

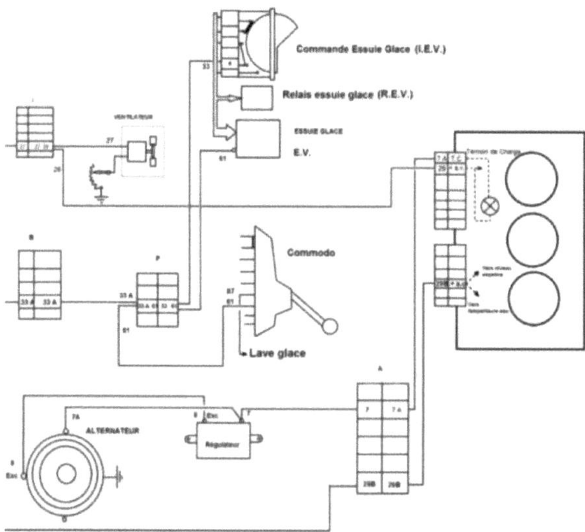

L'autre borne du voyant de charge (borne 7A), est reliée à la sortie auxiliaire de l'alternateur qui fournit un + 12v quand le moteur tourne et que l'alternateur fonctionne bien. Cette précision est importante pour la suite de mon raisonnement.

Que se passe-t-il ? Si je n'ai pas de 12 volts sur les bornes du fusible '3', le ventilateur et les essuie-glaces ne fonctionnent pas ! Jusque-là, vous me suivez ?

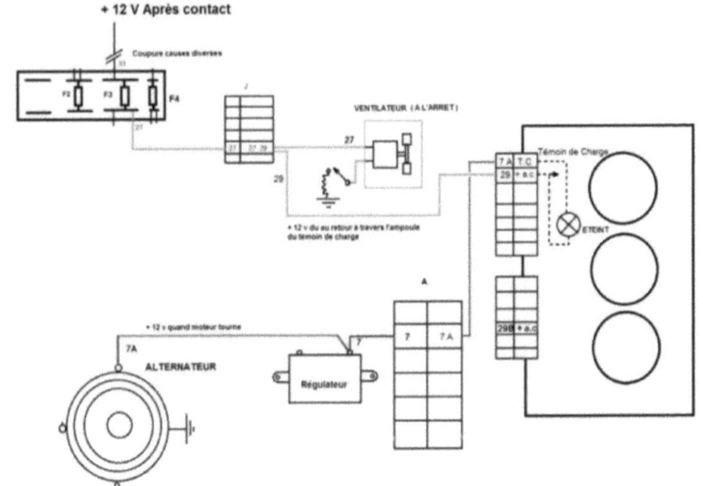

SCHEMA SIMPLIFIE, MOTEUR TOURNANT, ET VENTILATEUR A L'ARRET (avec panne)

Lorsque je mets en marche le ventilo, ou ces foutus essuie-glaces, je ramène un 'moins' sur les bornes 27 et 29, à travers les moteurs d'un de ces 2 énergumènes (via les bornes 33, 33A ou 61 côté essuie glace) ! C'est toujours OK ?

Combien en ai-je largué ? Beaucoup ? Bon ! Petite explication supplémentaire pour ceux qui le sont (largués). Un moteur électrique, continu ou alternatif, présente une résistance faible au passage du courant quand ils ne tournent pas (quand il n'y a pas assez de puissance électrique disponible pour le faire tourner, elle est équivalente à celle d'un simple fil). Dans le cas qui nous intéresse, on peut donc considérer que les bornes 27, 29, (33 et 61 aussi) sont pratiquement à la masse. Pas de doigt levé ? Donc je continue… !

Que se passe-t-il au niveau du témoin de charge ? Je vois les yeux de certains qui pétillent, car ils devinent ce qui se passe ! Vrai… ? Bon ! Toujours pour les néophytes ! Cette masse, pas franche, ramenée sur la borne 27, permet d'allumer l'ampoule, car d'un côté, elle a le 'plus' 12 volt issu de la sortie 7A de l'alternateur, et de l'autre côté, le pseudo 'moins' issu de la borne 27.

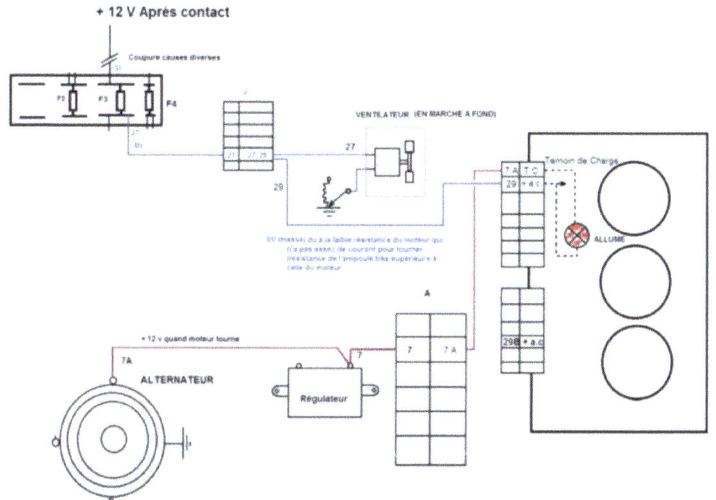

SCHEMA SIMPLIFIE MOTEUR TOURNANT ET VENTILATEUR ENCLENCHE (avec panne)

Vous suivez toujours ? Pour les vrais de vrais néophytes, une ampoule s'allume quand elle a 12 volts à ses bornes (un 'plus' d'un côté et la masse de l'autre). C'est Ok cette fois ? Bon ! Si certains n'entravent vraiment rien à l'électricité, cela n'a aucune importance pour suivre la suite de mon récit.

Le point commun de tous mes défauts se situe donc au niveau du fusible numéro 3. Ce dernier recevant normalement un 'plus' à partir du Neman (position parking), il va falloir vérifier si j'ai bien une absence de 12 volts quand je tourne le premier cran de la clef de contact. Ceci validera ma démonstration ! Sinon, je vais encore passer pour un con, mais ça, j'ai l'habitude, comme vous l'avez constaté depuis le début de mes aventures.

Je vous explique quand même le fonctionnement normal, car ce circuit n'est pas forcément un exemple de pannes permanentes.

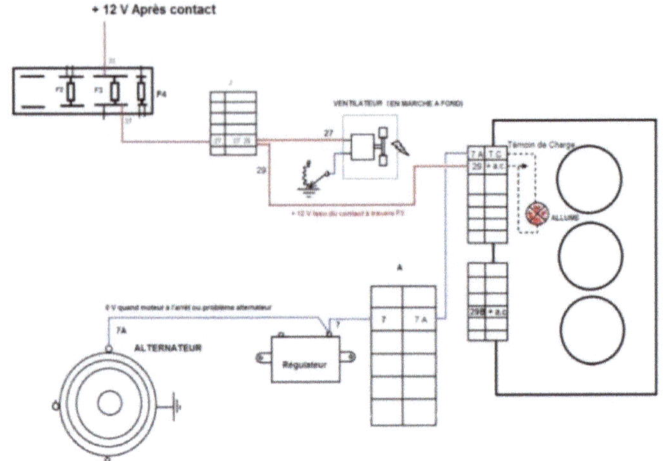

SCHEMA APRES AVOIR PLACE LA CLEF DE CONTACT AU PREMIER CRAN

Le schéma, ci-dessus, montre ce qui se passe quand on tourne la clef de contact au premier cran. On voit bien que le voyant de charge s'allume, ce qui n'est plus le cas actuellement. Ce même schéma est valable quand le moteur tourne, mais que l'alternateur ne fait pas son boulot. Pour ce dernier cas, le voyant fait vraiment ce pour quoi il est payé.

Le dessin ci-dessous représente le même circuit, mais cette fois moteur tournant, et sans problème de charge. C'est simple non ?

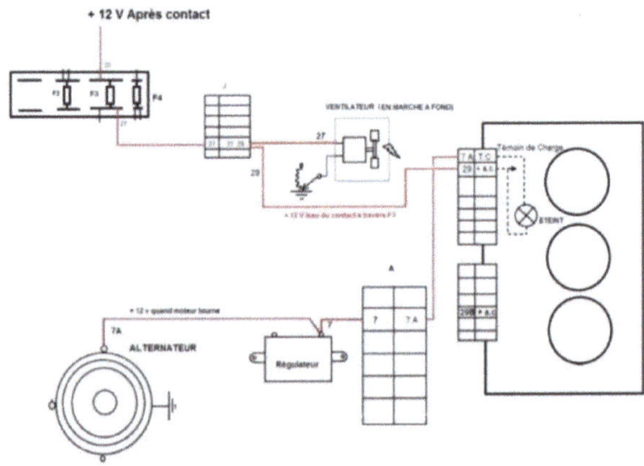

CONTACT MIS ET MOTEUR TOURNANT (VENTILATEUR EN MARCHE)

L'absence de 12 v sur le fusible 3 (F3) peut avoir plusieurs origines, à commencer par un mauvais contact sur ses bornes, ou sur la cosse du fil 33. Autres causes : un mauvais contact dans le Neman, un fil coupé (Fil 33), ou un mauvais contact sur le connecteur 'M' (voir schéma simplifié global).

En allant un peu plus loin dans mon enquête, je constate que ce même Neman alimente, en position contact (soit le deuxième cran de la clef), le fusible numéro 4, qui protège les deux indicateurs du tableau de bord à savoir : la jauge à essence, et la température d'eau. Comme ces deux éléments avaient cessé de travailler en même temps que le ventilateur, et qu'ils avaient repris leur job sans intervention de ma part, je soupçonne un faux contact au niveau de ce foutu Neman, ou du connecteur 'N'.

Bon ! Je viens d'entendre tomber la nuit. Je laisse mes coupables en garde à vue, et repousse leur interrogatoire à la prochaine occasion. Pour l'instant, je me contente d'essuyer Titine, et de lui remettre sa bâche de protection.

Vous connaissez la différence entre fiction et réalité ? Non... ? Et bien, dans la fiction, tout semble vrai, tout est possible, même les aberrations technologiques, alors que dans la réalité, nous sommes confrontés à toutes les difficultés dues aux lois physiques de notre univers ! Et bien là, dans mon enquête pour trouver ma panne électrique, j'étais dans la fiction !

En effet, tout paraît clair et logique sur mon schéma ! Mais une fois sur place, alors que je m'apprête à faire la preuve de ma belle théorie, voltmètre à l'appuie, et appareil photo à la main, je me retrouve confronté à quelques incohérences.

-        En 1 : Le réceptacle qui sert de boîte à fusible compte 5 fusibles et non 4 comme sur le schéma.

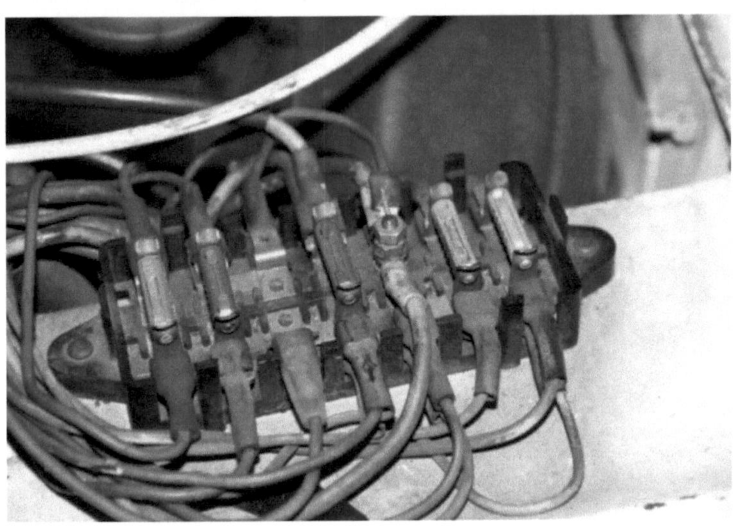

Bon ! J'ai simplement oublié que le cinquième a été rajouté par votre serviteur, pour alimenter la cucaracha. Si en plus je corse la difficulté ...! Ça frôle le masochisme... Petit rappel quand même : Le gadget tonitruant, alimenté par ce fusible, ne fonctionnait pas non plus. Et pourtant, là, j'ai bien 12 volts dessus ?

-        En 2 : Le nombre de fils par fusible ne semble pas correspondre ! Sur le numéro 3, je devrais avoir 4 fils d'un côté, et 3 de l'autre (d'après le schéma) Mais là, je n'en ai qu'un de chaque côté ... ! J'aurai dû m'en douter ! Je ne sais pas pourquoi, mais j'ai toujours le modèle de voiture qui correspond à aucune donnée constructeur. Ça vous arrive aussi ...?

-       En 3 : En mettant le contact, aucun voyant ne s'allume. Il en va de même pour la jauge à essence et la température d'eau.

Je vois déjà, à votre expression, que vous doutez de mes facultés mentales, puisque ce mauvais comportement de Titine est précisément la cause de cette recherche de panne ! Laissez-moi finir… !

Jusque-là, rien de nouveau, certes ! Mais quand je mets le ventilateur en marche, le voyant de charge ne s'allume plus ! Alors là, c'est pas glop du tout. Je vois déjà toute ma belle théorie tomber à l'eau, et le bonnet d'âne de l'élève qui n'a rien compris, arriver sur mes oreilles. Par conte, je n'entends pas non plus le bruit de crécelle, ou de feuilles broyées, que ce foutu ventilo devrait émettre. Toute ma théorie est basée sur l'éclairage du voyant, qui a lieu simultanément à la mise en route des essuie-glaces, ou à celle du ventilo !

J'essaie aussi les essuie-glaces ! Même constatation ! Bouuuuuuh ! Les symptômes ne sont plus les mêmes…

Je mets quand même le contact, et lance le moteur ! Rien ne bouge sur le tableau de bord, à part le compte-tour, ce qui veut dire que ma panne est toujours là.

Petit tour dans le capot pour tester tous les fusibles... !

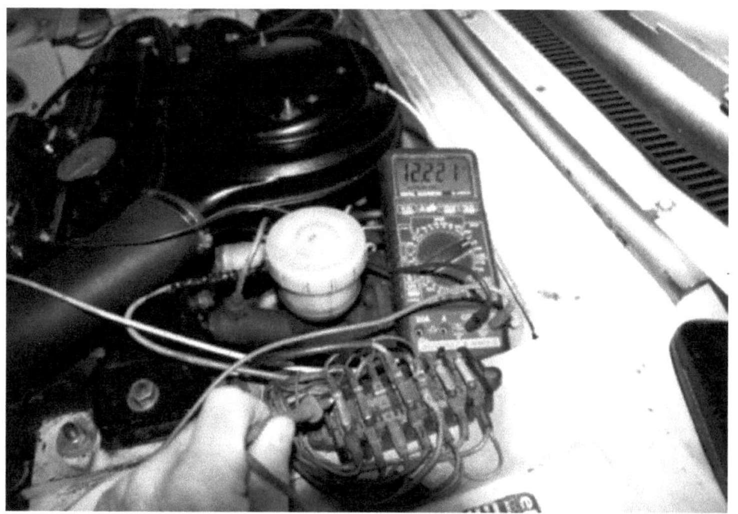

Quand je les teste, il n'y à plus aucune logique. Le fusible qui devrait être le numéro 3 reçoit bien le 12 volts, contrairement à ce que voudrait ma théorie.
Le Numéro 4 n'a, dans un premier temps, aucune tension qui lui arrive dessus. Bon ! Cela correspond bien au défaut jauge, et température. Mais quand je remonte dans Titine, la jauge fonctionne ? Retour vers le fusible…

Tiens, cette fois, j'ai bien 12 volts. Ça... ça sent le faux contact à plein nez. Un petit coup de jaja dessus, et tout semble rentrer dans l'ordre. J'en profite pour asperger tous les fusibles avec la bombe miracle.

Pour vérifier ce qui se passe sur le fusible 1, je mets les veilleuses. Le voyant vert ne s'allume pas, ce qui est normalement anormal. Mais lorsque je mets le voltmètre sur le fusible 1, quelque chose change à l'avant de Titine... Ce sont les loupiotes des veilleuses qui viennent de s'allumer... !

Retour dans Titine, et là, oh surprise, tous les voyants brillent normalement, et les deux indicateurs, eau, et essence, ont repris le travail. Là aussi, ça sent le faux contact. Je lance le ventilo de climatisation (ça me fait me marrer ce terme)... Il est aussi vif qu'un junkie shooté au LSD. J'essaie les essuie-glaces. Même constat ! Ils mettent presque dix secondes pour faire le parcours allez et retour. À cette vitesse, les gouttes d'eau n'ont qu'à bien se tenir...

Bon ! Je vais attendre d'avoir plus de temps pour investiguer plus profondément ... Entre-temps, je décide, au chaud, de jeter un œil sur le câblage du tableau de bord. En fouillant chez mon copain Internet, je débusque, après moult recherches, une photo du circuit imprimé de 304S, qui semble correspondre tout à fait à mon tableau de bord. Je repère bien tous les voyants et les deux connecteurs... Super !

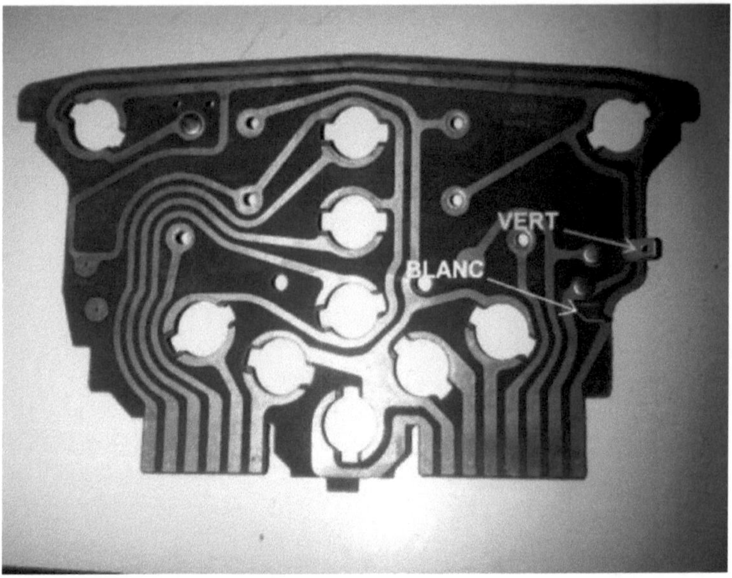

Je n'aurais peut-être pas dû me réjouir si vite, car le câblage du premier voyant, celui qui m'intéresse, en l'occurrence le voyant de charge, ne correspond pas du tout au brochage de la revue technique. Ben voyons … !
Cela confirme le point 2 de ce chapitre. Il faut dire aussi, que tous les manuels techniques que j'ai achetés pour entretenir ce cabriolet, version simulateur de pannes pour recyclage mécanicien, concernent uniquement les modèles de 304 d'avant 1972... ! Je vous rappelle que Titine est de fin 1973.

J'arrive pourtant à dénicher un schéma électrique correspondant aux modèles post 1973. Je devrais donc retrouver mes petits…Non ?

Là-dessus, je me lance dans un exercice que j'adore, à savoir : essayer de retrouver le bon brochage des connecteurs à partir de l'implantation des voyants sur le circuit imprimé. J'en tire le brochage suivant (à une ou deux incertitudes près, concernant la jauge à essence et la température d'eau).

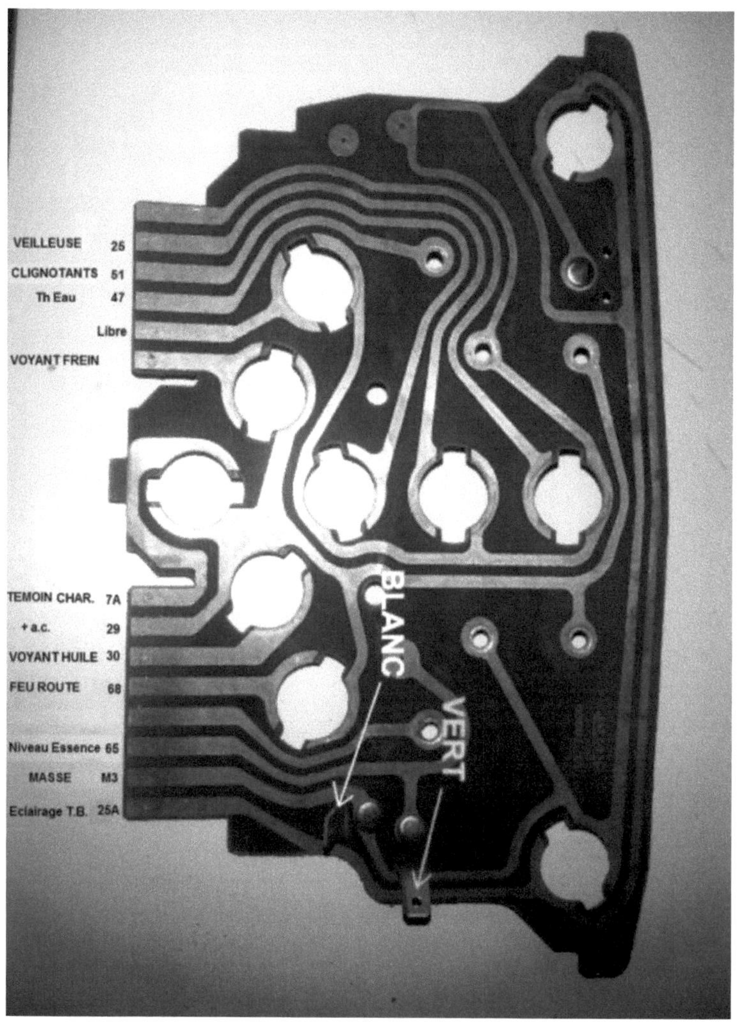

Le tableau de bord a dû changer entre temps, car là aussi, rien ne correspond. Pour les fans d'électricité auto, on peut voir que même avec ce schéma plus récent, l'ordre des fils n'a rien à voir avec la réalité (si réalité il y a).

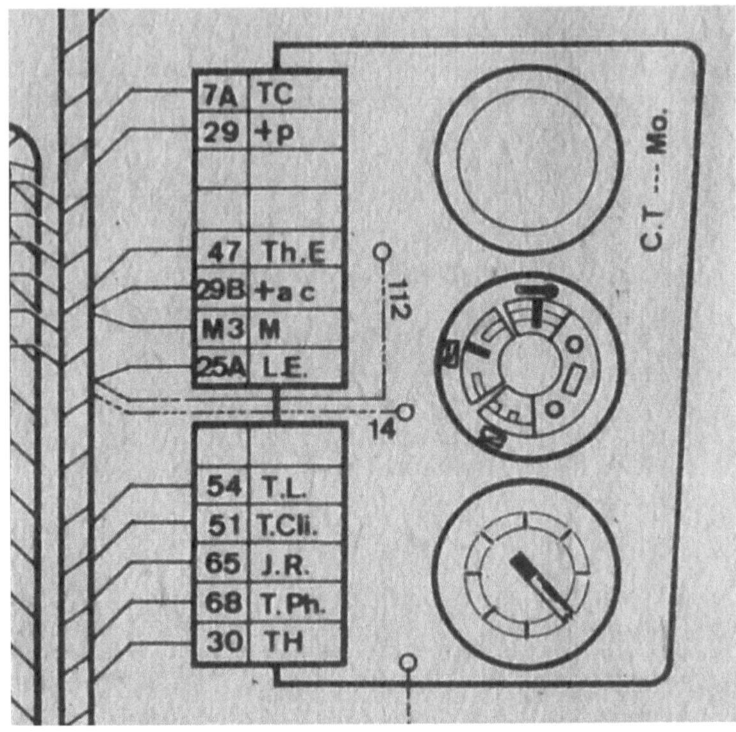

Bon ! Je me fais une raison, et décide de reprendre l'enquête à zéro, avec le peu d'informations exactes dont je dispose, à savoir :

- C'est une Peugeot 304S.
- Elle a bien une boîte à fusible.
- Elle est bien équipée d'un tableau de bord à compteurs ronds.
- Elle ne fonctionne pas correctement.

Je sais ! C'est maigre... ! C'est pour cette raison que je décide d'en rester là pour aujourd'hui. Je verrai ça un peu plus tard, au grand jour, et au calme...

58) PROBLÈMES ÉLECTRIQUES KO :

Lundi 13 février 17h00 : Je suis bien décidé à tordre le coup à mon problème électrique. Même si ce 13 février ne tombe pas un vendredi, je crois à ma chance. En fait, la chance n'a rien à voir là dedans. Il suffit de procéder avec méthode. Comme les schémas électriques que j'ai à ma disposition sont faux, je vais procéder en partant de la source.

Premièrement, trouver une bonne masse pour la borne 'moins' de mon voltmètre. Je la trouve en coinçant la pointe de touche dans l'écrou de fixation du cric.

Deuxièmement, vérifier les arrivées du 12 volts sur ma 'pseudo' boîte à fusibles, et ce, dans toutes les positions de la clef de contact. Problème mathématique de CE1 :
- « j'ai 5 fusibles et 3 positions, combien dois-je faire de mesurages ? »
- « Quinze mesurages Monsieur » … (sans calculette) !

Corsons la difficulté ! J'en profite pour vérifier si j'ai la même chose de l'autre côté de chaque fusible ! Trouvez le nouveau nombre de mesurages... Oups ! Cela en fait 30 ! Comme ma mémoire est aussi fiable que celle de Dory la Dorade dans Némo, je décide de prendre des photos du voltmètre et de ma main faisant la mesure, ainsi que de la position de la clef de contact. Je ferai une analyse à postériori, et à tête reposée.

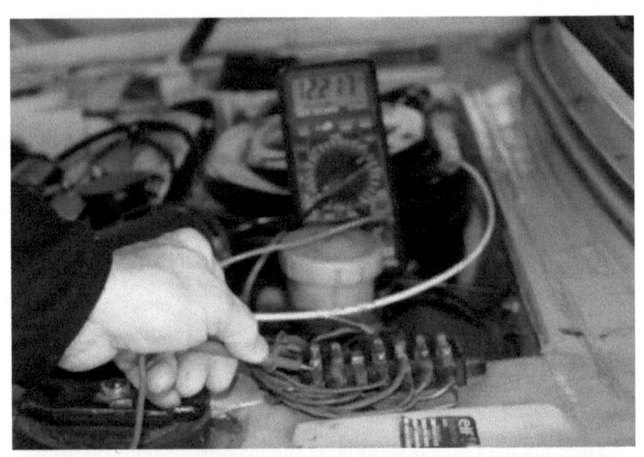

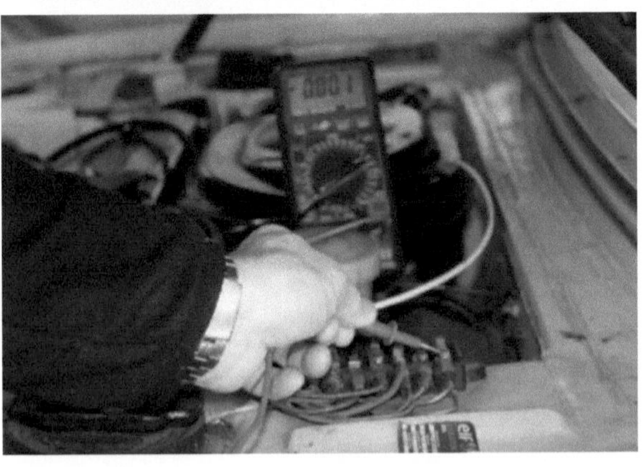

Bon ! Je vous fais grâce de toutes les photos, mais je vous jure que je les ai toutes prises. J'en mets juste 5 pour le principe ! Celles-ci sont prises avec le contact coupé (position 'A').

Je fais la même chose avec la position 'G' (Clef en position garage... ce qui n'a rien à voir avec le point G... !). Tous les fusibles ont 12 volts aux deux bornes, sauf le 'F1' et le 'F4' qui ont 0 Volt. Vous devez me croire sur parole, car sinon, je vous colle toutes les photos... Non mais... !

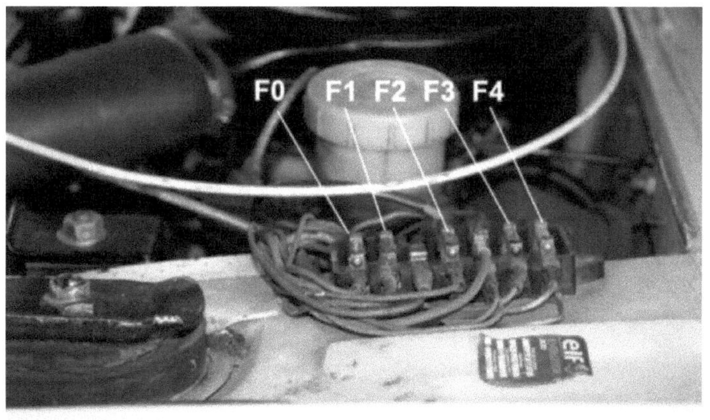

Rien d'anormal, puisque le 'F1' correspond aux veilleuses (d'après le schéma de la RTA), et qu'elles sont éteintes, et le 'F4' correspond à un 12 Volt après contact (position suivante de la clef). Toujours d'après le schéma, c'est ce fusible 'F4' qui alimente le voyant de charge, et sans doute aussi, la jauge et la température d'eau.

Petite précision : j'ai nommé le premier fusible 'F0', car c'est celui que j'ai rajouté pour la Cucaracha. Déjà que c'est pas clair pour ceux qui veulent suivre, je ne souhaite pas entraîner de confusion dans vos esprits.

Bon ! J'en ai largué combien parmi vous ? Aucun... ? Menteurs... ! Allez, c'est pas grave ! Je continue. C'est bientôt fini... !

Troisième position de la clef : position 'M' comme 'Marche'. Aucun voyant ne s'allume au tableau de bord, et la jauge à essence ne sourcille même pas pour m'indiquer, ne serait-ce qu'un réservoir vide. Aucun signe de vie... Je suis presque soulagé, car ma panne est toujours présente. Il n'y a pas pire qu'une panne qui s'en va et qui revient ! Allez chercher une panne qui n'existe pas ? C'est un peu comme chercher la maison du père Noël dans le Sahara. Vous n'êtes pas près de la trouver... !

Retour à mes mesurages. Le 12 volts (en réalité 10 volts) apparaît bien sur tous les fusibles (sauf le F1) côté arrivée, mais le voltmètre indique un beau 0 volt sur le départ du 'F4'.

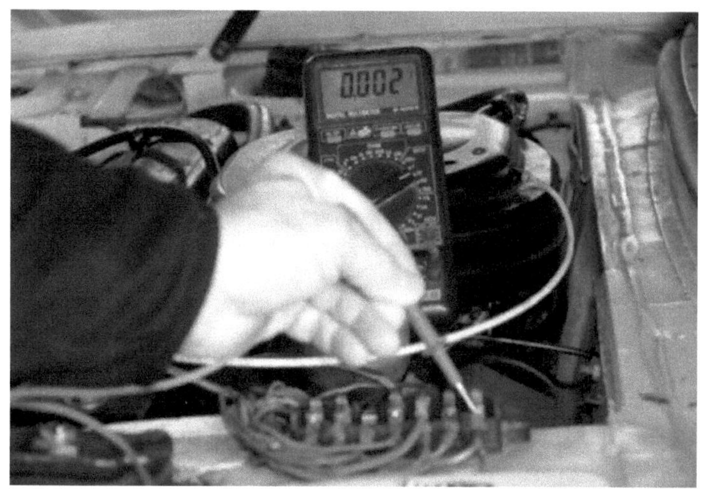

Ah ! Enfin quelque chose qui ne marche pas... ! Le jus ne traverse pas le fusible
'F4'. Je vous entends chuchoter !

- « Ben c'est qu'il est mort son fusible ... ! ».

Voilà la photo du mort !

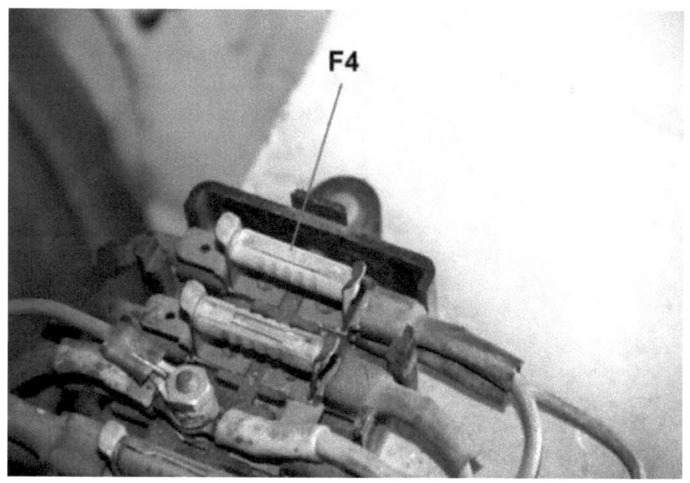

Vous le voyez mort vous ? Ben pas moi !

Un petit coup de contrôleur dessus (position ohmmètre) me donne raison
(m'enfin... !). Ce fusible se porte à merveille... ! J'entends vos critiques :

-       « il nous prend pour des lapins de six semaines avec sont fusible mort vivant… ! ».

-       « J'oserai pas… ! »

La vérité est ailleurs (tiens, ça me rappelle un feuilleton de science-fiction ça !). Allez, je vous dévoile le pot aux roses ! En réalité, une couche d'oxyde s'est formée entre le contact du fusible et la petite languette qui le supporte. Même en tournant le fusible sur lui-même, comme beaucoup le fond (moi le premier), cette pellicule ne part pas. De ce fait, pas de 12 volts sur le tableau de bord (Fil 29 du tableau de bord), et donc, pas de fonctionnement des voyants, ni de tout ce qui est mis en service par la clef de contact (position 'M').

Je ris intérieurement, car tout mon raisonnement précédent* est conforme à la réalité, et je ne passerai pas pour un con… ! (Pour ce dernier point, je ne suis qu'à moitié rassuré !).

Bon ! Ce n'est pas tout d'avoir trouvé le défaut, il faut y remédier. Je retire le fusible de son support, et avec un petit bout de papier de verre à gros grain, je nettoie tant bien que mal la petite languette. Je fais de même côté fusible (un brin de toilette ne fait jamais de mal !), puis je remonte le tout, non sans avoir aspergé l'ensemble avec du 'jaja' spécial contact.

Je remonte dans Titine… ! Instant de vérité… Je tourne la clef en position 'M' et, … Eurêka ! Ça marche… ! Le voyant de charge s'allume, ainsi que celui de la pression d'huile, et la jauge à essence indique un réservoir à moitié plein (ou à moitié vide… c'est suivant votre humeur !).

Petite vérification au voltmètre… J'ai bien 12 volts des 2 côtés du fusible 'F4'.

Je lance le moteur, et place la manette du ventilateur à fond. J'entends de nouveau son doux bruit de hachoir… et le voyant de charge ne s'allume plus.

Mise en marche des essuie-glaces… Ceux-ci démarrent à une vitesse plus que raisonnable, compte-tenu du fait que le pare-brise est sec de chez sec, et le voyant de charge ne s'allume pas non plus. I am happy… (Je suis heureux, pour les réfractaires de la langue de Shakespeare).

Je laisse tourner un moment le petit 1300 pour vérifier que le thermomètre d'eau décolle bien de la position correspondant à la température de l'azote liquide… Tout va bien de ce côté-là aussi. Un petit coup de veilleuse… Le voyant vert s'allume normalement ! Feux de route… Le voyant bleu brille de tous ses éclats, contrairement aux feux, qui sont du même acabit que les lampes à huile équipant les premières voitures (comment ai-je pu rouler avec de tels feux quand j'avais 18 ans ?).

Que demande le peuple ? Je retrouve enfin une Titine avec toutes ses fonctions. Que du plaisir !

*Tome 2 -- 58) Recherche de pannes

Côté bruit de crécelle dans le moteur, je pense avoir trouvé la cause. Apparemment, ce serait la tôle que j'ai placée sous le cardan* qui vibrerait contre le pot d'échappement. Je réglerai ce problème plus tard, car pour l'instant, je ne tiens pas à transformer mes doigts en saucisses grillées, compte-tenu de la température qui règne sur l'ensemble.

Je reste cependant un peu septique, car je perçois bien un autre bruit, moins net, côté pompe à eau.

Dernière petite chose qui aurait pu avoir une certaine importance. En regardant le schéma d'un peu plus près, je viens de me rendre compte que le fusible 'F4' alimente aussi l'électro embrayage du ventilateur moteur (Fil 57). Alors ça, c'est pas top, car si le problème était arrivé par grosse chaleur, j'aurais encore transformé Titine en geyser … Pauvre joint de culasse !

Ne boudons point notre plaisir ! Mon petit cabriolet fonctionne normalement, et je pense saisir une prochaine occasion pour faire une bonne balade…

*voir tome1---51) Une sortie hivernale

59) UNE BONNE BALADE :

Mercredi 15 février 2017 : L'occasion, que j'attendais pour faire un tour avec Titine, se présente aujourd'hui. Je viens de décider de passer chez mes parents, et si dans un premier temps, l'idée de prendre la C5 me paraît logique, l'envie de prendre le petit cabriolet commence à germer, voir à me déclencher des picotements dans l'hypothalamus.

Je pèse le pour et le contre, car vu le temps qui m'est imparti, je vais devoir prendre l'autoroute. Vaulx-en-Velin me paraît loin pour Titine, mais à bien y réfléchir, je n'ai qu'un peu plus de 50 kilomètres à parcourir. Une paille à côté de nos sorties groupe qui tournent souvent autours des 100 à 130 kilomètres.

Cette première objection levée, reste la prise de l'autoroute. Il faut dire que je n'en garde pas un très bon souvenir. La première fois que j'ai fait cette tentative *, cela s'était soldé par le coup du piston en grève ... Je lève aussi cette objection en me disant que Titine va beaucoup mieux, et que rouler 40 kilomètres à 110 kilomètres à l'heure, ça devrait le faire.

Dernier point : Stationner ma petite voiture dans Vaulx-en-Velin ! Cela revient à laisser un lingot d'or sans surveillance, à porter de main d'un joueur compulsif en dette avec un bookmaker mafieux. Peu de chance qu'elle reste en place le temps de ma visite. Comme mes parents habitent dans une résidence d'anciens, fermée avec un gros portail électrique digne de Fort Knox, je lève aussi cette dernière objection.

Me voilà donc en train de charger Titine avec la caisse à outils indispensable, mon appareil photo, pour le cas où je doive faire un petit topo sur une panne intempestive ... (les pannes peuvent elles être autres qu'intempestives ?), le bidon d'essence (vu la précision de la jauge), le badge du télépéage (j'ai du mal à ouvrir les vitres au péage), plus tout ce qui traîne naturellement dans ce coffre, plus magique que le sac de Mary Poppins.

Comme il ne fait que 6 degrés, et que je dois prendre l'autoroute, je décide de ne pas décapoter. La température ressentie étant égal à la température ambiante, moins la vitesse du vent divisée par dix (comme déjà expliqué), à cent-dix kilomètres heure, mes oreilles seront soumises à la température de la glace fondue. C'est pas top !

Une fois paré, je mets le contact ... Tous les voyants s'allument normalement ... Ouf ! Je lance le démarreur ... oups ! Il est à la limite de la crise de tétanie. J'entends les compressions arriver les unes après les autres, avec la lenteur d'un paresseux flegmatique. La batterie a dû être très affaiblie par les essais de recherche de pannes électriques. Ou alors, elle a un problème, ce qui serait dommage vu que je l'ai changée l'an passé. Mon moral est prêt à rejoindre mes chaussettes quand le moteur démarre impeccablement ! "Ça, je l'aurai pas cru !". Je me loue d'avoir révisé l'allumage depuis peu.

*Voir tome1 10) La Traboulée

Je recule un peu, et ouvre le portail électrique avec la télécommande que j'ai récupérée dans la C5. Zut ! Voilà que Titine cale juste dans l'entrebâillement du portail ! Je relance le démarreur ! Oups ! Il est encore plus mou que la première fois. Petite frayeur ! Si la batterie me lâche complétement maintenant, je vais devoir sortir vite de la voiture, pour verrouiller le portail avant que celui-ci ne décide à se refermer automatiquement. Sinon, Titine va jouer au jambon beurre entre deux tranches de pain, et ça, ce n'est même pas envisageable !

Par miracle, le petit 1300 repart après un tour de démarreur seulement, ce qui me permet de reculer assez loin pour être à l'abri de l'étau des deux vantaux.

Le temps d'attacher ma ceinture de sécurité, et me voilà parti pour prendre l'autoroute. Je repousse légèrement le starter (mais pas à fond) car je ne tiens pas à caler une deuxième fois.

Le moteur tourne rond, la jauge indique un niveau quelconque, compris entre je ne sais combien de litres, et le vide total. Je me fie au compteur kilométrique journalier pour estimer si je peux faire les 50 kilomètres sans ravitaillement. Ce dernier indique 170 kilomètres depuis le dernier plein. Sachant que Titine consomme environ 10 litres aux 100 kilomètres et que le réservoir a une capacité utile de ... ? A vrai dire, je n'en sais rien ! Tant pis ! Ce que je sais, c'est que depuis que j'ai remis ce réservoir en état, après résinage et remplacement de la jauge*, je refais le plein tous les 250 kilomètres. Vu ce premier trajet de 50 kilomètres, ça devrait coller !

Côté voyants, tout va bien. Celui de charge reste complétement éteint, ce qui n'est pas dans ses habitudes, même si c'est parfaitement normal avec un alternateur qui fonctionne bien. Aurais-je solutionné un autre problème sans le savoir ? C'est possible ! Aussi, je reste serein face à ce mystère.

Côté température d'eau, elle monte jusqu'à mi-course, puis redescend dans la zone blanche. J'ai ce problème depuis sa dernière bouffée de chaleur. Cette foutue température, après avoir atteint des sommets interdits, refuse dès lors de dépasser le milieu de la zone tempérée, et ce, quelles que soient les circonstances. Une vérification de l'ensemble, sonde et indicateur, semble nécessaire. Je verrai ça plus tard.

C'est donc avec une Titine parfaitement sûre...(?) que j'aborde le péage de l'autoroute.

C'est là que j'apprécie d'avoir pris le télépéage, car la manœuvre des vitres, à l'ancienne, avec la poignée et le poignet, tout en tenant le volant d'une main dans une zone relativement étroite, reste une opération délicate. Surtout que sur cette auto, il faut des bras de camionneur pour les monter ou les descendre... ces vitres ! J'ai bien essayé de graisser l'ensemble du mécanisme, mais cela a eu autant d'effet que de pisser dans un violon.

*Voir tome1 32) compte à rebours-- 32c) Nouveau réservoir

Me voilà sur cette fameuse autoroute et tout va bien. Même si j'ai dû glisser Titine derrière un trente-cinq tonnes, n'ayant pas pu atteindre la vitesse nécessaire pour lui passer devant en bout de piste d'accélération, le petit 1300 tourne comme une horloge. Au fil des kilomètres, je le sens se décrasser !

L'aiguille du compteur atteint même les 120 kilomètres par heure (110 chrono). Comme il y a une alerte antipollution, avec obligation de réduire la vitesse de 20 kilomètres heure, mon allure de croisière ne gêne pas les autres usagés. Je peux donc doubler les poids lourds sans complexe et sans faire ch... tout le monde. Tout baigne et je commence à savourer mon plaisir.

J'arrive déjà à Vaulx-en-Velin, où mon père m'ouvre le portail depuis son appartement. Je gare Titine entre deux voitures, le long d'un trottoir. Même si la direction assistée n'a pas encore été installée sur ce modèle, et que, pour tourner le volant sur place, il est nécessaire d'avoir fait un peu de culturisme, le rayon de braquage de cette petite 304 est tout simplement remarquable. Avant elle, je n'ai jamais eu de voiture capable de faire un demi-tour sur route en une seule manœuvre. Aussi, faire des créneaux devient un jeu d'enfant (musclé quand même) Le lion avait fait très fort sur ce coup là.

A 16h00, je décide de quitter les lieux pour retourner chez moi. Le démarreur retrouve toute sa vigueur. La batterie a donc repris de la charge, signe que l'alternateur a bien rempli son rôle.

Le compteur kilométrique journalier indiquant 225 kilomètres, un passage à la pompe s'impose. Je sais que, juste avant le péage de l'autoroute, il y a une grande surface délivrant de l'essence pas trop chère (tout est relatif car Titine tourne au Super 98). Je me dirige donc vers ce lieu de ravitaillement.

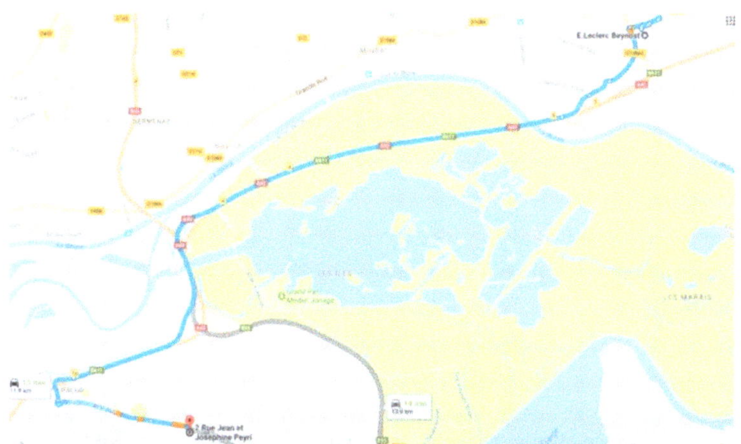

Après avoir fait le plein, soit 26 litres, une envie folle de décapoter me chatouille le bas des reins. Sur la station d'essence, je mets Titine en version cabriolet et me voilà reparti, casquette au vent.

L'air est toujours un peu frais, mais c'est très supportable. Arrivé au premier rond-point, avant de reprendre l'autoroute, je décide de laisser tomber la solution rapide, et de revenir chez moi par la nationale.

Je passe donc par St Maurice de Beynost, tout en sachant que ce trajet comporte environ 500 feux tricolores, et qu'atteindre, ne serait-ce que les 70 kilomètres par heure, frôle l'utopie.

Je goûte enfin à la joie de rouler en sentant toutes les odeurs extérieures. Des odeurs de pains cuits, en passant devant la boulangerie, de parfum de fleurs, devant le fleuriste, et de… gaz d'échappement en attendant au feu rouge (tout ne peut pas être parfait…!).

Au sortir de La Boisse, je vois le panneau 'Tramoyes'. Ce nom de patelin me rappelle mon enfance, car mon grand-père allait chasser par là (ou il en parlait souvent, pour d'autres raisons.) Un coup de clignotant à gauche, et me voilà parti sur les routes de campagne, en direction de Tramoyes. Et si je poussais jusqu'à Rillieux ? Pourquoi Rillieux, me direz-vous ? Parce que j'ai la

moitié de mes origines dans cette petite ville. J'y ai aussi tous mes meilleurs souvenirs d'enfance. D'ailleurs, j'en profiterai pour passer au cimetière !

DETOURS

Le parcours sur ces petites routes est un vrai bonheur. Le moteur ronronne de plaisir. La température d'eau reste désespérément en dessous de la zone normale, mais je sens la douce chaleur du chauffage sur mes jambes et mes mains, signe que ce n'est, sans doute, que l'indication qui est fausse.

Arrivé à Rillieux, je suis déçu de voir que la rue Pasteur, où habitaient mes grands-parents, est barrée pour travaux. Je prends donc la route de Strasbourg où je tombe sur un bouchon. Ca me rappelle les grands départs en vacances quand, avec mon frère, on regardait à travers le portail de notre oncle, toutes ces voitures et camions bloqués sur la route. Si j'avais su que je me retrouverai bloqué au même endroit 50 ans plus tard !

J'avance au pas, et la température monte légèrement, sans toutefois dépasser le milieu de la zone normale.

Après un bon quart d'heure, et 500 mètres parcourus, je décide de passer par un autre chemin. Heureusement que je 'crois' connaître le coin ! Quand je dis croire, c'est le mot exact, car après avoir fait 3 fois le tour du quartier, je n'ai toujours pas trouvé le cimetière. Comme par hasard, je me retrouve systématiquement au même endroit.

Au quatrième tour, je demande à une première femme sur le trottoir (Non ! Elle marchait sur le trottoir… Canaillous va… !).

- « Désolé, je ne suis pas du coin » me dit-elle gentiment.

Une autre femme (Pas besoin de descendre la vitre à chaque fois puisque la capote est baissée.) :

- « Je ne sais pas ! »

Décidément… ! À l'intersection suivante, je vois un brave homme sur le bord de la route. Je m'arrête à sa hauteur.

- « vous savez où se trouve le cimetière s'il vous plaît… ? ».

Le quidam se rapproche de Titine, se penche par-dessus la portière et … Rien ! J'attends une dizaine de secondes, tout en regardant dans le rétro pour voir si je ne gêne personne. L'homme est toujours là, penché, le regard vague, avec la nette impression qu'il attend quelque chose... ! Mais aucun signe d'une quelconque activité cérébrale n'émane de cette personne ! Merde ! Il a buggé... ! La question était-elle trop compliquée ? J'attends encore quelques secondes, quand soudain, sa phase de réinitialisation se termine.

- « Vous allez jusqu'au rond-point, puis vous prenez à droite, et de nouveau immédiatement à droite ».

- « Ah ! Merci beaucoup !»

Ouf, je me voyais déjà responsable d'un homicide par imprudence… !

Le quartier change tellement vite que je ne reconnais plus rien. De plus, ils ont collé une grande surface, juste à côté du cimetière, ce qui a complétement déboussolé mon Neurone de l'orientation.

En ressortant, je décide de repasser devant la maison de mon oncle, route de Strasbourg. Je rencontre le même bouchon, mais dans l'autre sens. La cohue des vacances, d'il y a cinquante ans, s'est transformée en cohue journalière. « M'en fou ! J'suis pas pressé… ! ».

Cependant, Titine supporte mal ce 'roulé pas à pas'. Même si madame la sonde m'indique toujours une température largement dans les normes, d'autres

signes me font pressentir une chauffe légèrement excessive (faut vraiment vérifier cette sonde). Je sens de légères odeurs d'huile chaude, de liquide de refroidissement passé en phase vapeur, et de fièvre d'embrayage. De plus, pour une raison qui m'échappe, voilà que le petit 1300 décide d'accélérer, sans que je ne lui demande rien. L'aiguille du compte-tour indique 1500 tours minutes alors que quelques instants plus tôt, elle restait sagement à 900 tours minutes. Un petit coup sec sur la pédale d'accélérateur et le régime, montant dans un premier temps à 3000 tours, revient doucement à 950 tours.

Je pense qu'il doit y avoir un phénomène de dilatation, au niveau de l'embase du carburateur, qui génère une entrée d'air. Ce phénomène est d'autant plus amplifié, que cette embase est parcourue par le circuit de réchauffage du carburateur. Petite erreur de conception ou future panne en perspective ?

C'est dans cette phase de réflexion, que je sors enfin de Rillieux après avoir parcouru 1500 m en 20 minutes. (je fais beaucoup mieux à pied… !)

Au sortir de la ville, j'ai le choix entre rentrer par Villard les Dombes, ou passer par Miribel et Meximieux. C'est ce deuxième trajet que je choisis.

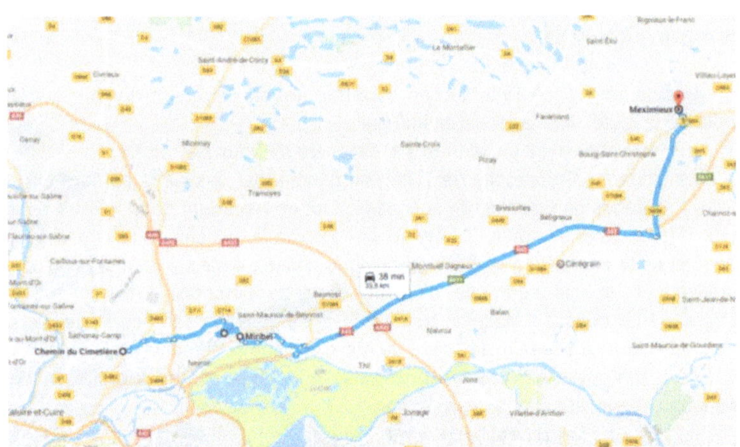

Au Mas Rillier, je descends par la Montée Neuve (pas ma faute… ! C'est comme ça que s'appelle cette descente). Quand j'étais gamin, nous l'appelions la descente de la Madone, à cause de la statue gigantesque de la Vierge qui se trouve dans un virage en épingle, presque à son sommet (pour ceux qui auraient l'idée de prendre ce virage trop vite sans doute !). Avec Titine, pas de problème, car je la laisse descendre au frein moteur, juste pour le plaisir d'entendre les douces pétarades de son échappement (un mélange un peu riche, sans doute !).

Arrivé en bas, je me retrouve de nouveau dans un flot de circulation qui, s'il m'empêche de profiter pleinement des 76 chevaux (faut faire avec ce qu'on a), évite de me cailler les meules, en limitant la vitesse à 50 kilomètres heure maximum. De ce fait, je suis bien… mais bien… mais bien ! Zen … ! Trop Zen sans doute, car malgré l'air, je suis en train prendre un coup de pompe !

Bon ! « S'agirait pas de venir sniffer l'arrière de la voiture qui me précède avec le capot de Titine ».

Heureusement, la cadence s'accélère un peu avant Meximieux, sur une belle ligne droite nommée « La Grande Dangereuse ».

Cependant, nous ne dépassons pas les 70 kilomètres heure, à cause d'un gland qui se traîne devant. Je tenterai bien un dépassement, mais, soit il y a quelqu'un en face, soit il y a une bande blanche !

Je vois enfin une zone dégagée, mais hélas, je sais qu'a environ 500 mètres, il y a une boîte à recette fiscale. Même en accélérant à fond pour doubler et en freinant, je n'aurai pas le temps de redescendre en dessous de la limite d'imposition forcée… Tant pis ! Je reste derrière Monsieur le gland.

Arrivée dans Meximieux, comme cela fait longtemps que Titine tourne à un régime qu'elle n'aime pas (en quatrième à 2000 tours minute), je décide de prendre une route que j'affectionne particulièrement, même si elle me rallonge un peu. Je prends donc la direction de Chalamont.

C'est une belle départementale avec de superbes lignes droites et surtout, avec peu de circulation.

Ce que je ne vous ai pas encore dit sur mon petit cabriolet, c'est que ses rapports de boîte sont assez mal étagés. Les trois premiers servent uniquement

à passer les 60 premiers kilomètres heure. Après, vous pouvez rouler sans problème, de 60 à 156 kilomètres heures en quatrième. C'est pratique sur route et autoroute, mais terriblement chiant entre 50 et 70 kilomètres heures, vu qu'en troisième, le moteur tourne trop vite, et qu'en quatrième, il tourne trop doucement.

A partir de Chalamont, je peux rouler pénard, et profiter de ces derniers instants de sensation de liberté, en humant l'air frais, l'odeur de la terre humide, des sous bois, et autres parfums de la nature. Malgré le bruit, j'entends quelques oiseaux.

En résumé, j'ai parcouru un peu plus de 140 kilomètres.

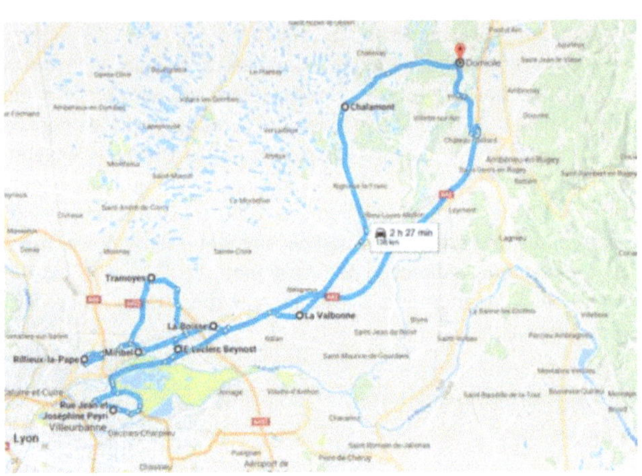

Sur la dernière partie du parcours, je fais un petit bout de film pour partager cet instant de plaisir (les odeurs en moins).

https://www.youtube.com/watch?v=5nP-GGEc7HM

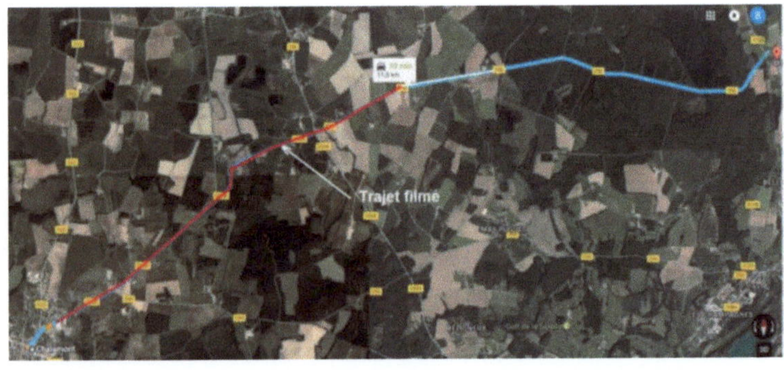

Vendredi 24 février 2017 : Le printemps approche, et j'envisage une première sortie en groupe ce dimanche. Il y a une foire expo d'anciennes (voitures) à Villette d'Anthon, et je compte bien y aller avec Titine.

Petit coup d'œil sur la météo... Tout devrait être bon ! Le petit cabriolet n'ayant pas eu de toilettage depuis le mois de septembre 2016, il est peut-être temps de lui redonner un peu de brillance, et surtout, de lui passer un coup d'aspirateur à l'intérieur.

J'envisage de faire cette toilette après avoir géré une urgence : une fuite sur le circuit d'eau froide de la maison. J'espère ne pas perdre trop de temps avec cette tâche subalterne, car le nettoyage de Titine est autrement plus intéressant.

Pour une fois, tout se passe bien côté urgence, et même s'il persiste une minuscule fuite (1 goutte par heure), rien ne me détournera plus de mon objectif de la matinée.

Je profite que ma chère et tendre soit partie, pour sortir tous les sacs où sont rangés mes bombes de 'rénovateur de plastique', mes bidons de Polish, mes crèmes à bronzer pour les chromes, le pschitt pschitt pour laver les carreaux, et mon pulvérisateur de produit pour les jantes.

-        « Pourquoi 'mes' » me direz-vous ?

Tout simplement, parce que dès que j'ai eu Titine, je me suis mis en quête du produit miracle qui la rendrait comme neuve. J'ai donc acheté, petit à petit, toute une panoplie de produits en tout genre, en double, ou en triple, qui s'avèrent être aussi efficaces (?) les uns que les autres.

Je commence par les chromes et les jantes. Ça brille ... !

Je passe ensuite à la phase nettoyage des vitres. Cette opération, que j'évite de faire pour la maison, ne doit pas me poser de problème (toujours ce verbe devoir ...). Tout va bien jusqu'au moment où je décide de nettoyer la glace du phare avant gauche ! Un petit coup de pschitt pschitt, puis un petit coup de chiffon, et ...Bling ... ! Le phare se décroche ! Tel l'alpiniste venant de chuter suite à une prise loupée, le bloc optique pend lamentablement, juste retenu par les fils d'alimentation de l'ampoule !

Boudiou... ! Dire que je roulais comme ça ! Bon ! Peut-être qu'avec le capot fermé, le bloc ne serait pas tombé ? Mais quand même ... !

Le problème, je le connais. Les optiques sont retenues, sur la partie inférieure, par deux ergots en plastique rigide qui font office de ressort.

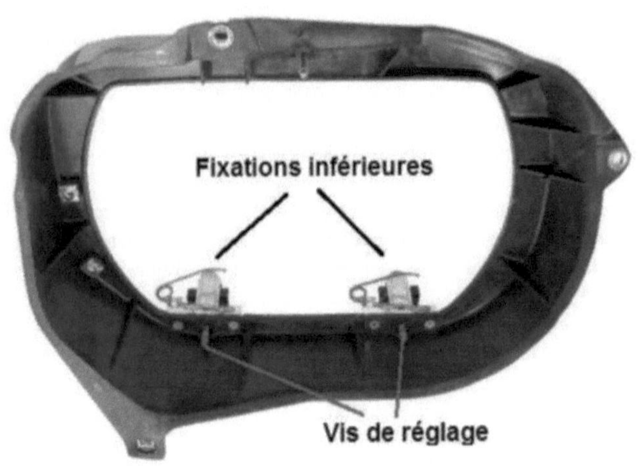

La partie supérieure est maintenue par un ressort, et par le système permettant de corriger l'assiette de la voiture quand le coffre est plein (ce qui est pratiquement toujours le cas).

C'est de la partie inférieure que le problème vient. Un des deux ergots est usé et ne fait plus son boulot (encore un gréviste ou un presque retraité).

Le phare tient donc, parce que c'est la mode, mais c'est pas sérieux...

Le remède : démonter le support complet de phare, pour donner un petit coup de lime sur le morceau de plastique incriminé, afin de lui redonner une arrête vive (voir dessin).

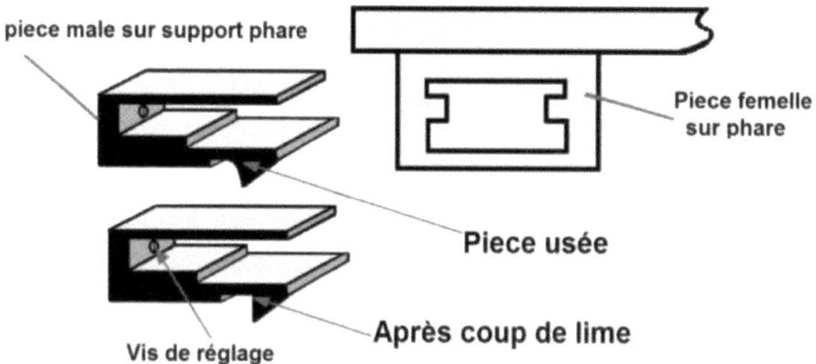

Après ce petit coup de lime expert, et le remontage du support, le phare retrouve enfin une fixation digne de ce nom. Reste plus qu'à finir le nettoyage.

Petit inventaire de tout ce qui traîne sur la moquette et sous les sièges avant de passer l'aspirateur. Je trouve les sempiternels papiers publicitaires, récoltés généreusement au fil des rassemblements, le dossier roadbook datant du 18 septembre 2016, quelques pièces de 5 et 10 centimes, des bouts de tuyau vinyle (?), des clips, des… ! En un mot, une poubelle. Tout ça parce que je ne jette rien sur la route (contrairement à ce que font certains gorets), et parce que, une fois arrivé à la maison, j'oublie de vider ce que j'ai délicatement jeté sous les sièges.

Bon ! Après avoir soigneusement rassemblé tout ce fourbi pour le placer dans le réceptacle à ordure de la maison, (sauf les pièces de monnaie, les bouts de tuyau, les différents petits clips et autres), je passe un bon coup d'aspirateur sur la moquette, et sous les sièges. Je vois déjà vos remarques :

- « mais qu'est-ce que tu as jeté alors ? Et qu'as-tu fait de tout ce fourbi ? ».

Et moi de vous répondre :

- « Seuls les papiers ont atterri dans la poubelle. Le reste a rejoint la caisse à glutes placée dans le coffre de Titine, on sait jamais… !».

Encore un coup de bombe à plastique sur le tableau de bord et sur les portières, et voilà Titine propre comme un sou neuf, à l'intérieur.

Après le nettoyage des jantes, je passe un coup de Polish sur toute la carrosserie. Pour le coffre, je démonte la Véronique. Une fois le coffre bien briqué, je remonte le petit porte bagage chromé. Ce dernier est maintenu par 4 sangles en cuir, reliées à 4 crochets venant s'encastrer dans les nervures du

coffre. Je commence donc par fixer les sangles du côté droit puis attaque celles du côté gauche.

Pour que la véronique soit bien arrimée et centrée, je tire sur la troisième lanière au maximum. Il me reste à fixer la dernière. Comme pour la précédente, je tire dessus pour atteindre le petit trou, quand ... crac... ! Je me retrouve avec deux bouts de cuir indépendants...

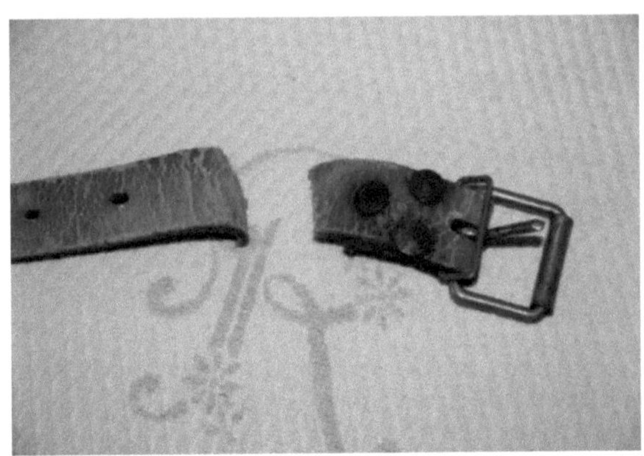

Et mer...! Ça, c'est la tuile ! Sans sangle, pas de Véronique, et sans Véronique, Titine est toute nue, donc pas présentable. Il faut dire que la vache, sur laquelle a été pris le cuir de cette sangle, a dû connaître Louis XVI. Vu que j'ai tiré dessus comme si je voulais cintrer le coffre, il fallait donc s'attendre à ce qu'elle rende l'âme. Bon ! Réfléchissement Nanard...

-       « Ben t'as qu'à chercher sur Internet... ! »
-       « Ben non, puisqu'il faut qu'elle soit réparée dimanche... »

J'ai beau tourner le problème dans tous les sens, je ne vois pas comment trouver une lanière en cuir rapidement. Mais tout au fond de mon cerveau embrumé, une petite voix me susurre :

-       « et si t'achetais une ceinture en cuir que tu découperas... ! »

Pas con la petite voix ! Reste plus qu'à foncer sur Ambérieu, et passer chez un marchand de vêtement.

Premier magasin : j'ai de la chance (pour une fois). Il y a un lot de ceintures accrochées à un présentoir. Reste à choisir la bonne.

J'ai pris un morceau de l'ancienne lanière comme modèle. Parti dans un premier temps sur une ceinture noire, le peu de choix dans cette couleur me fait bifurquer sur une de couleur marron. Coup de chance... ! J'en trouve plusieurs de 32 cm sur le présentoir.

N'ayant pas trouvé de ceinture pour cochon d'Inde avec des trous proches de la boucle, j'acquiers 4 ceintures, 'Made in China', en cuire de vachette véritable pour une quarantaine d'Euros.

Pourquoi 4 ? Parce que je compte bien remplacer les 4 lanières de la Véronique, pour une question d'esthétique, et parce que les trois autres vont sûrement me faire le coup de la rupture.

De retour à la maison, je pars à la recherche d'un emporte-pièce pour faire des trous supplémentaires. Cet outil ayant été rangé par ma tendre épouse, je le trouve rapidement. La chance continue à me sourire.

Pour ne pas me gourer dans les cotes, je remplace les sangles une par une, en commençant par celle qui est cassée.
Je passe la ceinture par le même chemin que la vieille sangle, et tire dessus pour savoir où je vais placer le trou. Un petit coup de crayon à papier sur le cuir, et voilà mon premier repère.

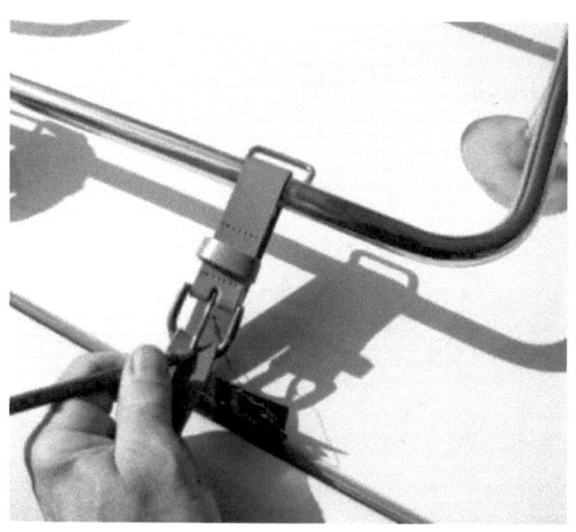

Pour faire mon trou à l'emporte-pièce, je place la ceinture sur une vieille enclume qui traîne dans le coin,...

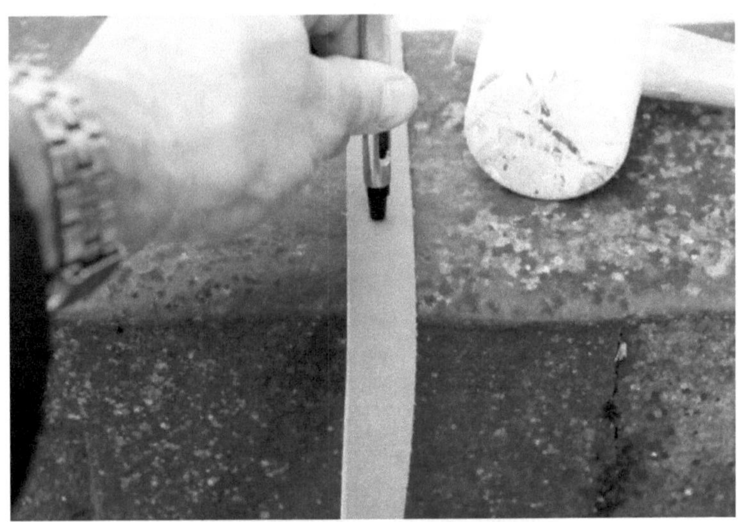

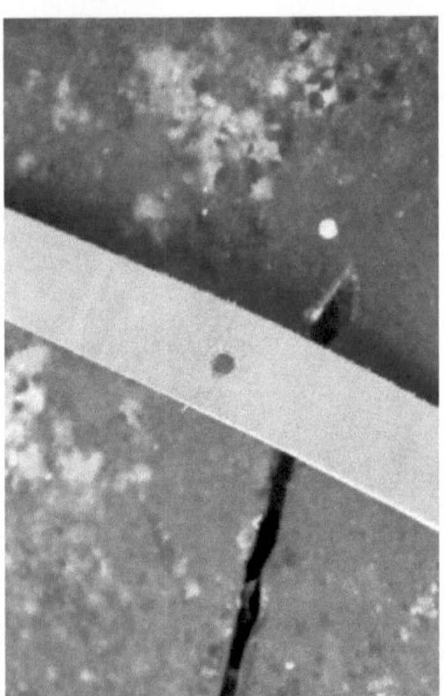

Je replace la ceinture nouvellement percée, pour vérifier si le trou est placé à l'endroit qui me permettra de bien tendre la lanière...

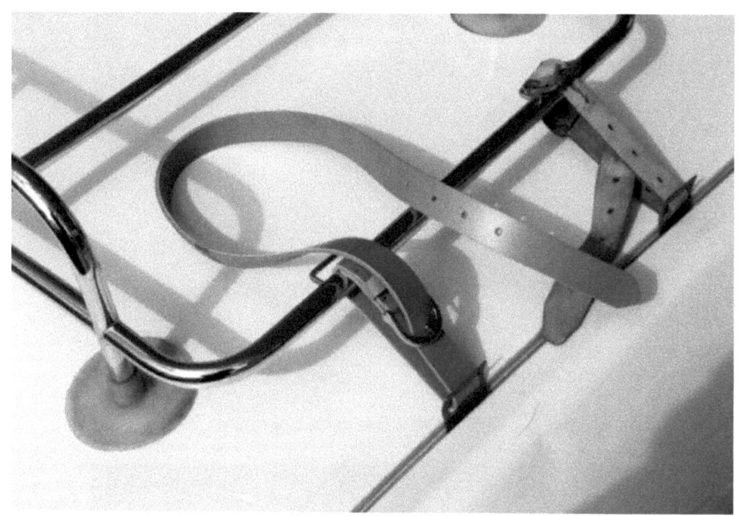

Puis je coupe l'excédent en laissant une longueur suffisante pour tirer dessus lors du prochain démontage ...

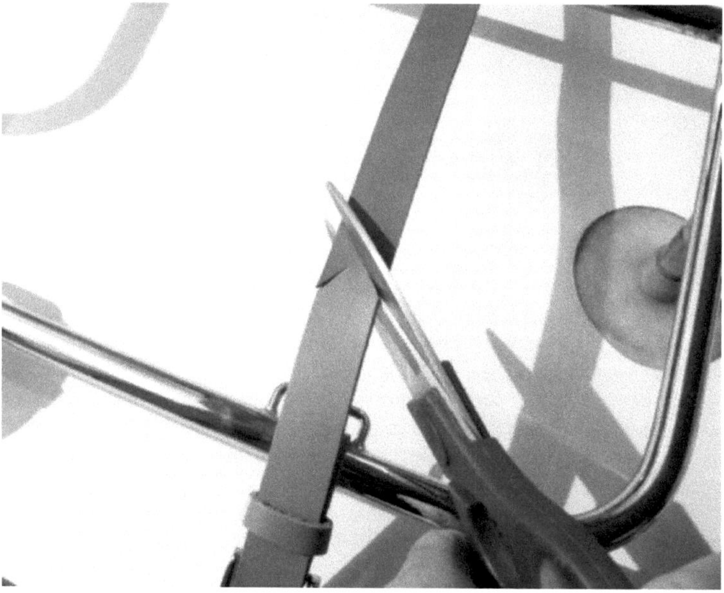

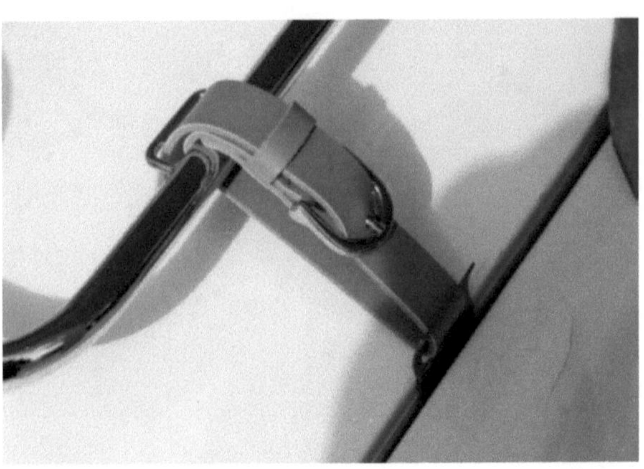

Nikel… ! Il n'y a plus qu'à répéter trois fois cette opération !

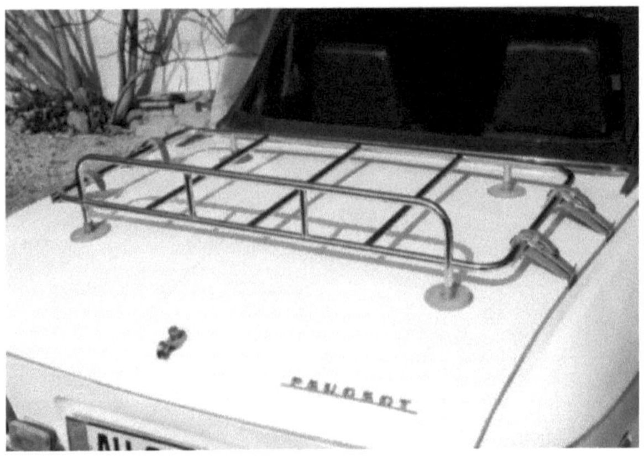

    Et voilà le résultat… ! Pas mal non ? Sans être fétichiste, je garde quand même les morceaux de cuir coupés, ainsi que les anciennes lanières et leur boucle. Cela pourra toujours servir, si les coutures faites par des petites mains chinoises viennent à lâcher, ce qui risque d'arriver après quelques heures de soleil et de pluie (je ne pourrai pas leur en vouloir, puisque les ceintures ne sont pas faites pour ça.) Si c'est le cas, je pourrai toujours refaire des sangles avec les bouts restants, en remplaçant les coutures par des rivets. La vachette chinoise doit être aussi résistante que la vachette française, non… ?

    Après ces deux réparations, Titine est enfin prête pour sa première présentation de l'année 2017 … Tout ira bien… Je croise les doigts !

61) PREMIÈRE SORTIE EN PETIT GROUPE DE 2017 :

Dimanche 26 février : C'est le jour tant attendu de cette première sortie groupe du cru 2017. Titine attend sous sa bâche, propre comme un sou neuf.

A 14h00, je dois rejoindre un petit groupe du club à la brasserie des rives de l'Ain devenue notre QG. L'objectif est de faire la route ensemble, jusqu'à une expo d'anciennes (je parle de voitures, et non d'une résidence de personnes âgées féminines) à Villette d'Anthon.

Ce matin, pour être sûr qu'il n'y ait pas de problème avec Titine, je décide de la prendre pour aller faire mes courses du dimanche. Le soleil brille, et après 2,376 secondes d'hésitation, je déplie la capote. C'est vrai qu'il fait encore un peu frisquet en cette fin février, mais si je ne roule pas trop vite, je ne devrais pas atteindre la température de la cryogénisation, qui me transformerait en Hibernatus… ! (pour ceux qui connaissent leurs grands classiques avec Louis de Funès).

Avant de décapoter, je vérifie quand même que le Dieu RA ait suffisamment tiédi le vinyle du toit synthétique, car je ne souhaite pas réitérer l'expérience que j'ai faite avec notre autre Peugeot cabriolet. Pour précision : la capote de la 205 s'est carrément cassée (et non déchirée), suite à une manœuvre par temps froid et sec. Pour Titine, la capote est, au touché, a environ 15,73 degrés, ce qui est suffisant pour la manœuvrer sans risque.

Une fois à bord, et après avoir quand même enfilé la tenue qu'aurait portée un Africain subsaharien pour se promener vers le pôle Nord, je lance le démarreur (pas par la fenêtre, mais avec la batterie...). Oups ! Celui-ci émet le râle du cochon agonisant... Cette foutue batterie ne tient donc vraiment plus la charge... Il va falloir envisager son remplacement !

Cependant, après 3 tours, le petit moteur démarre quelques secondes puis cale. Avant de faire une deuxième tentative, je place le starter à l'endroit qui me semble le plus judicieux, et pompe 3 coups sur la pédale d'accélérateur pour mettre un peu d'essence dans le carbu. Le lancement du moteur de Titine, dans ces conditions, nécessite un Bac plus 6 en mécanique antique.

Deuxième coup de clef... Malgré la lenteur administrative du démarreur, le petit 1300 démarre, et cette fois, il semble vouloir se maintenir. Ouf... J'ai bien cru que ma petite virée matinale allait se transformer en démontage de la batterie, avec mise en charge au chaud.

Une fois sorti de la maison, je monte un peu en vitesse, et descends aussi en température. Il est vrai qu'au soleil, ça passe... Mais les passages à l'ombre me rappellent cruellement que février, malgré le réchauffement climatique, est toujours en hiver.

Étant obstiné (et non point têtu), je persiste à rouler décapoter, tout en évitant de dépasser les 70 kilomètres heure (atteindre 90, ce sont 2 degrés de moins).

Après les courses, je décide de prolonger la balade pour continuer à recharger la batterie, mais en passant dans Varambon, j'aperçois la patronne de la brasserie à sa terrasse, et l'envie de prendre un petit café bien chaud me fait oublier la raison de ce détour. Je m'arrête donc tout en laissant Titine garer au soleil.

Après une bonne heure d'arrêt et deux cafés, je reprends la route. Le moteur démarre normalement, ce qui laisse présager que je n'aurai pas trop de problème côté batterie dans la journée, et c'est tant mieux... Je décide quand même de prolonger la balade en avalant quelques kilomètres supplémentaires nécessaires à une bonne recharge. Je ne nie pas que le plaisir de rouler dans mon petit cabriolet justifie aussi ce petit détour, même par une température quasi polaire.

13h50 : Il est temps de rejoindre mes collègues du CMBA (Club Mécanique des Bords de l'Ain). La température a grimpé de quelques degrés, et cela fait du bien. Arrivé à la brasserie, il n'y a que 2 voitures du club : La Porsche de notre président, et la 205 GTI de notre ami Thierry.

Nous attendons un petit moment la venue d'éventuels retardataires. Pour patienter, je me tape un troisième café, offert par la mère de notre président. Si ça continu, je vais finir complétement speed.

14h30 : Nous ne sommes toujours que 3 voitures. Tant pis ! Nous prenons la route en direction de Villette d'Anthon. Malgré un petit réchauffement, la température n'a pas encore atteint une valeur suffisante pour éviter les engelures aux mains, les lèvres gercées, et les yeux rouges. Sachant que mes deux collègues ne vont pas rester sous la barre fatidique des 100 kilomètres heure compteur, j'enfile une paire de gants, et mets des lunettes de soleil. Pour les lèvres, je remonte le col de ma polaire. C'est ainsi paré, que je prends la route, en suivant tant bien que mal la Porsche rouge de mon président. La 205 file devant, oubliant parfois que nous sommes 3.

Je ne sais pas si vous avez déjà roulé en cabriolet en suivant une Porsche équipée d'un pot style Devil ou DTM, mais le ronflement de cet équipement sport empêche toute analyse auditive de ce qui se passe dans votre propre véhicule. Comme je conduis la plupart du temps au bruit (sauf à ceux de carrosserie pour les manœuvres), je me retrouve un peu handicapé. Je fais donc confiance au compte-tour et à la mécanique de Titine.

Nous suivons, un certain temps, quelques quidams qui roulent pépère (Mais en faisant ch… les autres usagers) à 70 kilomètres heure. Je sais que cette accalmie ne va pas durer, puisque nous allons aborder la déviation de Lagnieu qui me rappelle de tristes souvenirs.*

En effet, en abordant cette belle portion à 3 voies, mes deux compères poussent les chevaux de leur monture, et me laisse en plan. J'enfonce l'accélérateur, et j'entends les 75 Cv de Titine qui rugissent. Je peux les entendre cette fois, car la Porsche a pris une bonne centaine de mètres d'avance. Je vois déjà votre sourire goguenard !

-       « Des chevaux, ça rugit pas…! ».

Je vous rappelle pour la moultième fois que Titine est une Peugeot, et que le sigle de cette marque est… est… ? Un lion… ! Et que fait un lion quand il s'exprime ? Hein ? Et bien, il rugit… ! Et toc !

Je disais donc que j'entends, et ressens, toute la puissance du petit 1300 en doublant les quidams précédemment cités, tout en surveillant le compte-tour, et l'organe administratif me permettant de ne pas me retrouver en infraction avec la maréchaussée. L'aiguille de ce dernier taquine la graduation 115. Pas glop …! Même si je me déculpabilise en me remémorant que cet instrument est relativement optimiste sur mon petit destrier blanc, cette allure ne me plaît pas trop. Mis à part le sentiment d'être un peu 'border of line', le blizzard qui me titille les oreilles (puisqu'il n'y plus que ça qui peut être atteint vu mon déguisement) me rappelle cruellement la loi physiologique qui précise que la température ressentie est égale à la température ambiante moins la vitesse du vent divisée par dix (Bon ! là, je me répète …).

*voir Tome 1-- 43) ça recommence

En l'occurrence, même si le compteur est relativement faux, et compte-tenu des 7 degrés ambiants, je me retrouve à rouler avec une température de moins 3 degrés. Fait pas chaud… !

Mes deux compères, qui ont pris un peu le large, se retrouvent coincés au rond-point suivant, ce qui me permet de les rejoindre. Ouf … Pour la suite du trajet, quelques traînes savates, plus un percepteur d'impôt indirect et flashant, font ralentir la cadence. Un avantage cependant de rouler au-delà de la graduation 100, c'est l'absence de vibration dans la direction. Et oui ! J'ai toujours ce problème récurrent…

Arrivée sur place, je comprends mieux pourquoi nous ne sommes que 3 du club. Un gros panneau indique que seuls les véhicules de plus de 30 ans sont acceptés.

Pour Titine, 'no problem', puisqu'elle a fêté ses 43 ans en septembre. La Porsche 924 a été fabriquée entre 1975 et 1989, ce qui la rend éligible. Pour la 205 GTI, sa première sortie date de 1984, ce qui passe aussi. Par contre, les 309 GTI (1989), et autres R19 cabriolet (1991), ça passe plus.

À l'intérieur du parc, il reste un certain nombre de places, suite au départ des quelques voitures que nous venons de croiser. Je me gare entre une LN et une 2CV.

Après avoir placé, derrière le pare-brise, le petit carton fournissant les données de Titine, je rejoins ensuite Patrick, notre président, et fais un tour, avec lui, parmi les stands de vente de pièces en tout genre.

Je suis tenté par un rétro tout neuf, qui pourrait remplacer celui de droite, dont le contour en plastique de la glace commence à présenter un certain degré d'obsolescence. Je reporte à plus tard cet achat et continue mon tour.

Je profite aussi de l'occasion pour faire, comme d'habitude, des photos de toutes les anciennes exposées.

Il y a beaucoup de Citroën traction, et de 2CV normales et cabriolets. Je vois, à votre étonnement, que le mot cabriolet pour une 2CV vous turlupine ! Et bien, pour ceux qui ne connaissent pas, il a existé, et il existe sans doute encore, des kits permettant de transformer une 2cv 4 portes, à l'origine découvrable, en 2CV cabriolet à 2 portes. Le résultat n'est pas toujours heureux, voir même carrément laid ! Parfois, c'est sympa, ou choquant, mais tous les goûts sont dans la nature…

Sur le parc, on trouve aussi une magnifique 203 cabriolet...

... quelques DS (des vraies), des américaines, un vieux panier à salade (tube Citroën) avec son gyrophare, et sa sirène de police,

...une R8 Gordini, et autres belles pièces, pratiquement toutes dans un état impeccable.

Après deux heures sur place, Patrick et moi décidons de rentrer. Le retour se fait calmement, toujours dans le feulement rauque, et les relents d'échappement de la Porsche.

Arrivée près de la maison, je donne un petit coup de Cucaracha à Patrick pour le saluer, car il habite un peu plus loin. Oups ! Seul le « Cu » est sorti ! Où sont passées les autres notes ? Sans le 'Caracha', ce klaxon est stérile, et réduit à une bête corne de brume pour barcasse de rivière !

Je tente de passer sur le klaxon de ville ! Rien ! Même pas un 'bronk' ou un 'cloc' ! Décidément, encore un accessoire en grève ! Il ne me restera plus qu'à trouver la panne un de ces 4 ! Il me semblait bien que la journée ne pouvait pas se passer sans un petit problème de derrière les fagots…

62) BALADE EN ARDÈCHE :

Vendredi 17 mars 2017 : Nous devons descendre dans l'Ardèche chez des amis de longue date, et ça tombe bien, car la météo nationale annonce un temps pourri sur la France.

Je vois à vos yeux exorbités, que vous ne comprenez pas : « Pourquoi ça tombe bien ? »

D'habitude, on aime sortir parce qu'il va faire beau ... ! Non ? Ben nous, c'est le contraire, car les beaux jours sont consacrés aux jardins, et vu les travaux en cours, un jour perdu est un jour perdu.

Par contre, en janvier, quand nous nous étions accordés sur la date de ce séjour, j'avais envisagé de prendre Titine. Mais là, je me retrouve déçu comme le quidam moyen à la veille d'un week-end pourri, car qui dit pluie, dit pas de cabriolet…

C'est donc la C5 que je prépare ce vendredi matin pour partir ces 4 jours. Départ prévu à 14h00, pour arriver à Viviers à 17h30 ou 18h00, tout en évitant les bouchons quotidiens de fin de journée sur Lyon.

Le planning du matin : petit lavage de la Citroën dans une station d'Ambérieu, le plein de carburant, et passage de l'aspirateur quand je serai de retour à la maison. Tout aurait été super, et dans le bon timing, si je n'avais pas eu à m'occuper que de la voiture. Mais la loi de Murphy a décidé de ne pas me lâcher les baskets en cette belle matinée.

Pendant que je suis sur Ambérieu, je décide de passer à la jardinerie pour refaire le plein de graines de tournesol. Ça, c'est parce que tout les oiseaux sauvages de la région on décidé, depuis plusieurs mois, de se donner rendez-vous chez Nanar, restaurant gastronomique 3 étoiles, fichés au guide du routard des emplumés… ! Mais là, la cambuse est vide…

C'est en entrant dans la jardinerie, pour acheter les 5 kilos de graines que les mésanges morfales consomment en 3 jours, que je croise un ancien collègue de boulot. Nous discutons le bout de gras, quand, je ne sais pour quelle raison obscure, je lui parle de notre sortie du week-end, lui glissant au passage :

-       « vu la météo pourrie. On aurait rien pu faire au jardin ! »

Sur ce il me répond :

-       « j'ai regardé ce matin, et ils n'annoncent plus de pluie … ! »

-       « T'es sûr ? »

-       « Ben oui ! J'ai regardé hier, ils annonçaient de la pluie, et ce matin, sur le même site, plus rien ! »

Voilà que l'empilage, bien rangé, de mes tâches à effectuer avant le départ prend l'allure d'un immeuble chinois après un séisme de magnitude 9 sur l'échelle de Richter. Tout est chamboulé.

J'essaie de continuer la discussion, tout en envisageant les possibles qui s'offrent à moi. Pas question de reporter notre visite dans l'Ardèche, car nous

sommes attendus avec impatience ... ! Mais par contre, l'envie d'une descente avec Titine commence à me titiller la pompe à ocytocine.

Je finis ma discussion, fonce acheter ces graines bénites (car sans elles, je serais resté sur le week-end pourri.) et rentre en quatrième vitesse à la maison (Même si la C5 en à 6... des vitesses).

Première chose à faire, vérifier les dires du collègue sur Internet. J'ouvre le site qui m'inspire le plus confiance et que j'ai consulté 2 jours avant. Bon sang ! Il a raison le bougre... Plus de pluie annoncée, et même, côté Ardèche, une bonne luminosité et de la chaleur ! Que faire ?

11h00 : ma chère et tendre est partie faire des courses, et je ne peux pas lui parler de ce changement de stratégie. En attendant qu'elle revienne, je sors le matériel pour finir de nettoyer la C5, mais sans conviction. Si on prend Titine, il va falloir aussi faire le plein !

J'en suis là dans mes réflexions, quand mon œil averti vise le pneu avant gauche de la 106 du fiston de ma dulcinée. 'Rêv'je' ? Mince ! Il est aussi plat qu'une crêpe de foire ! (Pas le fiston... ! Le pneu). Mon neurone à solutionner les emmerdes se met immédiatement en branle !

Première chose : signaler au dit fiston le problème en espérant que celui-ci sache se débrouiller tout seul pour changer une roue. Bon ! De ce côté-là, c'est raté ! Il n'y connaît rien, et n'a jamais appris ça... En bref, cela veut dire que je vais devoir lui faire un cours particulier, et en même temps, me coltiner cette réparation urgente. Pendant ce temps-là, le chrono tourne.

11h30 : je viens de clore le problème de la roue crevée. Je sais ! Je suis très loin des temps mis par les équipes travaillant dans les paddocks de formule 1 ! Mais eux, ils sont plus nombreux, n'ont pas un cric pondu par un type qui n'a jamais changé une roue de sa vie, sur une voiture garée dans du gravier en légère pente, et dont le frein à main est aussi efficace que celui d'un char à bœuf du moyen âge.

11h40 : Je m'attaque enfin au nettoyage intérieur de la C5. Ne connaissant pas les intentions de ma douce épouse, je suis obligé de jouer sur plusieurs tableaux à la fois, en envisageant des solutions de replis pour le cas où la solution Titine la laisse froide comme un iceberg !

12h15 : La C5 est presque propre, et Madame est enfin de retour. Je lui expose les faits concernant la météo du week-end, et lui susurre l'idée de prendre le petit cabriolet pour descendre dans l'Ardèche. À ma grande surprise, elle est partante, et trouve même l'idée super !

Bon ! Changement de programme ! Je laisse tomber la Citroën, range l'aspirateur et la rallonge électrique, et m'apprête à partir faire le plein. Zut ! Je suis arrêté dans mon élan, suite à la décision impérieuse de passer à table rapidement.

-        « Tu feras le plein en partant » me dit ma chère et tendre !

-      « Si tu veux», dis-je, pas contrariant pour deux sous, et trop content de faire une grande balade avec Titine ! Depuis le temps que j'attends ça... Dans ces moments-là, je suis prêt à tout accepter.

En parlant de grande balade, j'ignore totalement la distance à parcourir. Un petit tour sur Internet pour voir ! Oups... ! Un bon 220 kilomètres ... ! Et par la nationale ... 3h46 sans circulation ! Si nous partons à 14h00, comme prévu, nous serons chez nos amis à 18h00. C'est juste, mais ça peut le faire !

13h30 : Le temps presse, et je prends l'idée de recharger la batterie du GPS, car je ne connais pas la route pour arriver chez nos amis. Je le connecte sur le port USB de mon PC, et voilà que cet engin de mort m'avertit que, si je veux qu'il m'indique un itinéraire, j'ai tout intérêt à le mettre à jour. Je m'exécute et attends... Attends... Attends !

Vingt minutes plus tard, il semble prêt à me rendre le service pour lequel on me l'a offert, à savoir, m'indiquer le chemin à parcourir et l'heure approximative d'arrivée. Mince ! Il m'indique une heure d'arrivée à 19h00 si je passe par la nationale ! Ca c'est pas glop.

14h10 : je ne sais pas ce que nous avons glandé, mais nous sommes toujours à la maison, les valises ne sont pas faites, et le plein non plus. Là-dessus, ma moitié me propose de passer prendre du vin à St Pierre de Bœuf.

Dans un premier temps, je n'y vois pas d'objection, car c'est sur la route. Par contre, je vois les délais de route se rallonger. C'est un peu comme quand vous achetez une voiture ! Au départ, vous avez un certain prix, qui semble acceptable, mais au fur et à mesure, le vendeur vous rajoute des options et des formalités obligatoires, et payantes, et la note fait exploser votre budget. Ben là, c'est pareil. Depuis ce matin, la loi de Murphy me rajoute du temps, et le retard envisagé pour notre rendez-vous dépasse les limites du raisonnable. Si ça continue, on va arriver demain... Il faut donc envisager une solution pour regagner du temps.

-      « On peut plus passer par la nationale » dis-je plein de contrition ! Il va falloir prendre l'autoroute...

-      « Tu crois ? Ca risque rien ? Elle va pas tomber en panne au moins ? »

Je reconnais bien là, l'optimisme débordant de ma chère épouse !

-      « Mais non ! Je ne dépasserai pas le 110 kilomètres heure... Et puis, j'ai déjà pris l'autoroute avec... Alors ! De plus, on n'a pas d'autre solution, si on veut arriver à l'heure ! »

C'est avec ces arguments que je clos le débat, et commence les valises.

14h50 : Nous voilà presque prêt. Nous ne sommes plus dans le quart d'heure bugiste, celui qui consiste à arriver avec 15 minutes de retard par simple politesse... (Enfin, c'est ce qui se dit dans ma région !). Il manquerait plus que Titine fasse des siennes pour démarrer, et cette fois, notre balade devra changer à nouveau de destrier.

Mais non ! Après avoir fait la check-list indispensable avant tout décollage, elle démarre au quart de tour. Elle a dû sentir le danger. Ouf... ! Je récupère quand-même le télépéage sur la C5, et installe le GPS sur la 304. Ah oui ! J'ai oublié de vous préciser que depuis la dernière fois où j'ai utilisé la **G**ourde qui **P**arle toute **S**eule*, j'ai acheté une nouvelle ventouse pour le pare-brise, et celle-là, elle tient.

Bon ! Il reste à charger les valises, le sac à chaussures, la caisse à outils, et divers vêtements qui ne se mettent pas dans la valise (vestes, manteaux et autres habits chauds). Tout ça doit rentrer à côté des différents bidons de secours, et des quelques pièces de rechange. Je vois à votre sourire goguenard que vous me prenez pour un gros mytho ... Et pourtant, tout est rentré. C'est incroyable ce que l'on peut mettre dans ce petit cabriolet.

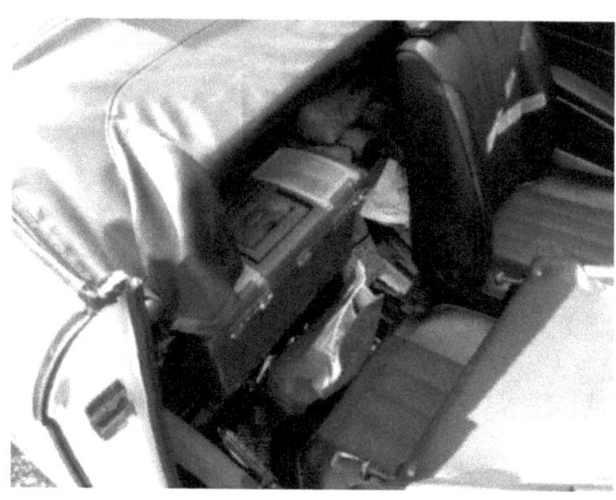

*voir Tome 1 – 51) Une sortie hivernale

15h10 : Nous sommes installés à bord de Titine. La capote est pliée et protégée par son couvre-capote, le moteur tourne rond et nous partons. Nous avons à peine parcouru 3 kilomètres, que je me rappelle avoir oublié mes vestes. Vite ! Retour à la maison ! Avec Titine, pas de problème, car elle est capable de faire un demi-tour sur une route normale, en une seule manœuvre, et sans toucher les bords. Bravo le lion... !

15h25 : Cette, fois nous sommes partis pour de bon, tout du moins jusqu'à la station- service, car je vois la jauge tirer la langue vers le bas, et le compteur kilométrique journalier avoisiner les 280 kilomètres. Arrivé à la station, j'attends derrière une mamie (pas une auto, mais une dame cette fois) très très lente, qui met presque 5 minutes pour commencer à se servir. Une fois servie, elle essaie à 10 reprises de raccrocher le tuyau de la pompe. Ne tenant pas à prendre encore un quart d'heure de retard supplémentaire, je descends lui raccrocher son tuyau. Encore 2 ou 3 minutes pour rejoindre sa portière, monter dans sa voiture et démarrer, et me voilà enfin à la pompe. Pas de super 98 à cette station... ! Du 95 fera l'affaire.

15h40 : Ca y est ! Nous sommes enfin sur la route du départ. Nous prenons l'autoroute à Château Gaillard, et l'aventure commence. Titine rejoint très vite la vitesse de croisière que je lui ai fixée, à savoir 120 kilomètres heure au compteur (soit un petit 110 chrono). L'air est un peu frais, mais très agréable.

Bien que nous doublions quelques camions, il faut avouer que notre allure de sénateur n'incite pas les autres usagés à rester derrière. Nous nous faisons doubler sans cesse, avec parfois des petits gestes de sympathie, ou des petits coups de klaxon. J'adore... !

La circulation est relativement fluide et nous arrivons au péage de Beynost. Jusque-là, tout va bien sauf, que je viens de me rendre compte que j'ai oublié l'appareil photo. Bouhhh ! C'est comme si j'étais tout nu ... ! Tant pis ! Plus question de faire demi-tour.

Nous prenons ensuite la « rocade Est », pour éviter les bouchons du périphérique lyonnais. Peine perdue, puisqu'au niveau de Communay nous nous tapons les bouchons de fin de journée de la rocade. Roues à l'arrêt, le ralenti commence à grimper dans les tours, mais un petit coup sec sur la pédale d'accélérateur et tout rentre dans l'ordre. Il faut savoir s'imposer... !

-       « Tu trouves pas qu'elle sent le chaud ?» me dit, inquiète, mon épouse adorée

-       « Mais non... ce sont les autres qui sentent ! »

Il est vrai qu'en cabriolet, nos narines sont taquinées par des senteurs que nous n'avons plus trop l'habitude de sentir dans nos voitures modernes et aseptisées. En l'occurrence, dans le cas présent, notre sens olfactif est perturbé par des odeurs d'embrayages et de plaquettes échaudés, de liquide de refroidissement (ça, c'est peut-être Titine), de gaz d'échappement de tous ordres, de fumée de cigarette (de ceux qui fument, fenêtre ouverte, en pensant qu'ils seront moins intoxiqués), et même de fosses septiques ! Ce sont toutes

les fragrances qui émoustillent, quotidiennement, les narines des habitués du bouchon crépusculaire, et des riverains qui n'attendent qu'une chose, faire comme nous, prendre leur voiture pour respirer le bon air… des bouchons du week-end !

Après Communay, nous laissons, sur la file de droite, la queue interminable de voitures et de camions qui se dirigent sur St Etienne. Titine reprend sa vitesse de croisière.

Hélas, je dois de nouveau ralentir rapidement, car dans le virage, la boîte à image du percepteur attend l'automobiliste distrait, pour le ponctionner de quelques dizaines d'Euros supplémentaires.

Nous roulons à présent sur l'A7, l'autoroute du soleil. Elle porte bien son nom, car ce dernier est bien présent, même si une certaine fraîcheur commence à se faire sentir. La Gourde indique encore 22 kilomètres avant la sortie prévue, quand ma moitié me crie :

-	« C'est là qu'il faut sortir… ! »

-	« Où là ? »

-	« Sortie Condrieu, c'est là qu'il faut sortir !

Aussitôt dit, aussitôt fait ! Je bifurque pour prendre la sortie indiquée, tout en faisant remarquer que le GPS conseille la sortie suivante !

-	« Ben pourquoi t'es sorti ? »

-	« …….. ??? »

-	« Fallait suivre ton GPS… ! »

-	« On fait demi-tour alors ? »

-	« Non, on a qu'à continuer par la nationale ! On passera devant ma coiffeuse, mais on ne s'arrêtera pas ! »

Arrivant vers la barrière de péage, et bien qu'ayant relâché la pédale d'accélérateur, Titine refuse de ralentir. Je suis obligé de freiner. En débrayant, je m'aperçois que le ralenti prend des tours, comme si l'accélérateur avait gardé en mémoire la vitesse précédente. Pourtant, il ne me semble pas qu'il y ait un régulateur de vitesse sur notre destrier ? Mystère et boule de gomme ! Nous avons dû trop rester à la même vitesse, et elle a buggé. J'appuie un coup sec sur l'accélérateur, tout en maintenant la pédale de gauche enfoncée (n'y voyez aucune allusion à un certain homme politique au costume sombre …). Là-dessus, le compte-tour se stabilise dans une zone qui me plaît un peu mieux ! Ouf… !

La balade par la nationale est très agréable. Il fait un peu moins frisquet, car nous dépassons rarement les 70 kilomètres par heure. La circulation n'est pas dense, mais comme il est impossible de doubler, nous subissons l'humeur lymphatique de quelques traînes savates. Impossible de rouler à 90. Quand ce ne sont pas les traînes savates, ce sont les indications des panneaux de signalisation, posés au petit bonheur la chance, pour satisfaire l'appétit vorace des vautours du fisc qui sucent le porte-monnaie des pauvres automobilistes, l'œil rivé sur les dangers de la route, au lieu de fixer assidûment leur compteur

de vitesse (Bande d'inconscients ... ! Le danger est dans la boîte, pas sur la route ... !).

L'heure tourne vite, et les kilomètres lentement, mais le plaisir est là. Nous arrivons enfin à notre premier point d'arrêt : un caveau de bon vin.
Ne croyez pas que cette balade m'ait donné soif ! C'est juste pour offrir à nos amis ! Pas besoin de déguster non plu, car nous connaissons le produit.

J'essaie de trouver une place, pas trop loin du dit caveau, car comme la capote restera pliée, et que nous avons tous nos bagages aux yeux et à la vue de tous, je préfère garder un œil sur Titine.

Je trouve une place à tout juste 42,75 mètres de la porte d'entrée.... Chouette ! Je me gare ! Mais là, le petit 1300 refuse de nouveau de ralentir. J'appuie sur la même pédale que tout à l'heure, et le compte-tour monte à 3000 tours minute sans avoir l'intention de redescendre aux alentours de 900 tours. Un nouveau petit coup sec sur l'accélérateur, et l'aiguille redescend vers les 1200 tours. C'est encore un peu haut, mais tant pis ...

Pendant la manœuvre pour me garer, je fais grincer quelques dents de la marche arrière, histoire de faire voir que je suis là. Il faut dire que sur ce modèle de voiture, la marche arrière n'est pas synchro. C'est ce que j'ai cru lire dans différentes documentations... et ça me déculpabilise de faire craquer.

Après avoir fait nos emplettes alcoolisées (Les emplettes... pas le chauffeur, et encore moins sa passagère), nous repartons en passant par des petites rues de plus en plus étroites.
-       « On va pas rester coincer au moins ? » me dit inquiète ma chère et tendre épouse
-       « Non ! On devrait pouvoir ressortir sans démonter la voiture... »
En effet, nous ressortons un peu plus loin sur la route principale que nous reprenons allègrement. Nous passons ensuite vers un pont qu'il aurait fallu emprunter pour reprendre l'autoroute. Vu la queue de véhicules qui souhaitent prendre cette direction, il me vient une idée :
-       « On continue par la route ? »
-       « Pourquoi pas » me dit ma passagère... »
Et nous voilà, partant gaillardement sur la Nationale 86, quand son regard se pose sur la Gourde ventousée sur le pare-brise.
-       « C'est quoi ces chiffres sur le côté ? »
-       « Où ? »
-       « Là... ! »
-       « Ben c'est l'heure actuelle et l'heure à laquelle on doit arriver ... ! »
-       « On arrive à 20h50 ? »
Oups ! Ce n'est pas possible ... ! On ne met pas 2 heures de plus par la route quand même ? Je lui demande :
-       « Qu'est-ce qui est indiqué sur le premier chiffre ? »
-       « 19h00 ... ! »

Ouf ! J'ai oublié de remettre l'engin à l'horaire d'hiver ! Il est vrai que la dernière fois que je l'ai utilisé, c'était en été pour la sortie à Villereversure.

Bon ! Ça ne me rassure qu'à moitié, car même en enlevant 1 heure, on va se pointer chez nos amis à 19h50... ! Là, le quart d'heure bugiste prend un coup dans l'aile. On frôle la ponctualité du TER Ambérieu Lyon, ou encore mieux, la vision très approximative de ce que c'est que d'arriver à l'heure pour ma belle-sœur... Une heure de retard ! Inacceptable !

-        « Et par l'autoroute », me dit ma dulcinée ?

Je reprogramme le juge de paix, en choisissant la réponse 'Non' à la question : « Voulez-vous éviter les péages ? ».

Question un peu piégeante au début, car sur cette merveille de technologie, la voie disgracieuse ne fait entendre que... « Péage », ce qui pousse à répondre le contraire de ce que l'on souhaite ! Mais à force, on s'y habitue.

En essayant de régler l'autofocus de ma vision défaillante (mes lunettes sont planquées quelque part), je peux répondre à ma compagne de voyage :

-        « Arrivée prévue à 18h50, en tenant compte de l'horaire d'hiver ! »

-        « Alors, on reprend l'autoroute .... »

J'insiste un petit moment, pour voir si notre guide voit une entrée d'autoroute en suivant la direction prise, mais la seule chose qu'il est capable de nous dire, c'est : « Faîte demi-tour dès que possible ».

Ce message commençant à me faire l'effet d'un purgatif... Je décide donc d'obtempérer, et de retourner sur nos pas. Tant pis pour le bouchon précité...

Comme déjà mentionné, un demi-tour avec Titine est un jeu d'enfant, puisqu'elle est capable de le faire sur une largeur de route en une fois. Pas mal pour une ancienne... !

Nous voici de nouveau au niveau du pont englué de véhicules, mais celui-ci va nous permettre de rejoindre l'A7. Ce petit détour nous a fait perdre encore quelques minutes, que je compte bien rattraper sur les 95 kilomètres restants.

Cependant, j'ai oublié un tout petit détail, certes insignifiant, mais qui nuit fortement à mes prévisions. D'habitude, l'appréciation de l'heure d'arrivée, ça marche... mais avec la C5. Hors là, notre vitesse de croisière étant inférieure à la vitesse limite, et surtout à celle calculée par notre gadget satellitaire, ma chère et tendre constate que notre retard augmente au fil des kilomètres. Que faire ... ? Vu la température qui diminue drastiquement avec la descente de l'astre du jour vers sa position nocturne, accélérer reviendrait à atteindre une vitesse qui risquerait de nous transformer en produit de chez Findus... Je décide donc, après l'accord de ma douce épouse, de continuer sur cette lancée et de ne pas ralentir... ni d'accélérer.

Nous passons à côté de Valence, où la vitesse est limitée à 90 sur décision du préfet. Cela n'arrange pas nos affaires côté retard, mais permet de faire remonter la température ressentie. Il nous reste encore 50 kilomètres à parcourir. Ma pauvre petite femme commence à avoir le nez qui coule.

- 	« Tu veux qu'on s'arrête pour recapoter ? » Lui dis-je plein de tendresse !

- 	« Non ! C'est pas la peine … ! »

Je pense qu'elle est comme moi. Ces petits moments, passés à rouler cheveux au vent, lui plaisent au point d'accepter de subir un certain refroidissement. Je pousse quand même le chauffage à fond, ce qui a pour conséquence d'amener un peu de chaleur sur nos pieds et nos mains, mais aussi de faire descendre la température du moteur de Titine. L'aiguille du thermostat redescend en dessous de la zone normale.

Il nous reste encore trente-cinq kilomètres à parcourir, quand je sens une étrange vibration au niveau du siège. Je cherche la cause de ce phénomène, quand je me rappelle que j'ai mon téléphone dans ma poche, et que ce dernier est en train de vibrer comme un malade. Le temps de le sortir, et ça raccroche.

Titine n'est pas équipée du système Bluetooth. Cela aurait pu être utile dans ce cas-là. Mais bon ! Il faut accepter de vivre à l'ancienne, quand on roule en ancienne. Je passe quand même le bigo à ma puce pour voir qui m'a appelé, même si je me doute de l'origine de cet appel.

C'est notre ami qui s'inquiète… Et il y a de quoi ! Il sait que nous venons avec notre petit destrier blanc, et la confiance dans sa fiabilité n'est pas totale. Pourtant, cette fois, Titine n'y est pour rien, et je dirai même que son comportement est exemplaire. Brave petite auto… !

19h10 : Notre ami Philippe vient de nous récupérer sur le parking d'une grande surface, pour nous guider jusqu'à son home. Il a préféré nous rejoindre, car le GPS n'aurait fait que de nous perdre (d'après lui). C'est possible, car les parcours préconisés ne sont pas toujours des plus judicieux, quand ils ne sont pas carrément entachés d'erreurs (Routes qui n'existent plus, ou sens interdits oubliés...etc.)

Ce n'est qu'une fois dans sa cour que je remets la capote de Titine. Pas question de prendre le risque de la transformer en piscine, si jamais la météo s'est trompée, et que Zeus décide de me jouer un sale tour. Ce ne serait pas la première fois…

Une fois sur place, notre petit cabriolet reste bien gentiment garé, sauf le samedi matin, car je dois aller refaire le plein d'essence et acheter un extincteur chez le chat aux yeux vert du coin. Madame mon épouse ayant pris aussi la 'titinite', maladie psychologique qui nous rend amoureux de ce tas de ferraille, elle m'a convaincu d'acheter cet article, pour le cas où notre cher petit cabriolet décide de s'immoler par le feu. J'en profite pour en acheter un deuxième pour l'autre cabriolet, petite cousine de Titine de vingt ans sa cadette, une 205 CJ acheter pour madame, et en cours de réfection. Ne vous affolez pas ! Je ne fais aucune infidélité à ma petite 304.

Pendant le week-end, nous changeons de stratégie pour le retour. Les phares de Titine étant aussi efficaces qu'une flamme de bougie dans une rue mal éclairée, nous décidons de reporter notre départ au lundi matin, alors que

celui-ci était prévu le dimanche soir après le dîner. Nos amis sont très contents de nous avoir un peu plus longtemps avec eux.

C'est après avoir pris cette décision que nous décidons aussi de revenir par le chemin des écoliers. Si dans un premier temps, j'avais envisagé de revenir par la mythique nationale 7, Philippe me conseille de prendre la D86, route beaucoup plus pittoresque et sympathique lorsqu'on la fait en ancienne (voiture cette fois.)

63) L'ARDÈCHE, LE RETOUR :

Lundi matin - 8h50 : Après avoir joué à Mary Poppins à l'envers, c'est-à-dire remettre toutes nos affaires dans le coffre et derrière les sièges, ce qui paraissait impossible au vu du volume que ça occupait à l'extérieur, nous saluons et remercions chaleureusement nos amis pour leur accueil, et reprenons la route du retour.

Pour ce, nous décidons, d'un commun accord, de rouler cheveux aux vents, en baissant la capote. Bon, il fait un peu frisquet, mais le soleil est là, et comme nous n'envisageons pas de prendre l'autoroute, ça devrait le faire.

Conformément aux dires de Philippe, cette départementale est vraiment très agréable. Nous traversons, ou passons à proximité de nombreux villages médiévaux ou pittoresques (l'appareil photo me manque…). Titine est dans son élément, même si son âge canonique est sans commune mesure avec ses vieilles pierres. Cette fois, pas question de naviguer au GPS. Je coupe la sifflette de la gourde, et me fie aux panneaux indicateurs. Ça me rappelle le bon vieux temps, où une bonne carte et la signalisation nous permettaient de traverser la France sans nous perdre, ce qui n'est pas tout le temps le cas avec le GPS.

Bien que nous remontions au Nord, j'avais envisagé que la température resterait stable, voir se réchaufferait avec la monté du soleil au Zénith. Grosse erreur stratégique… Plus le temps passe, et plus nous nous les gelons ! Ma chère et tendre commence à récupérer une petite laine derrière les sièges.

Ça suffit quelque temps, mais plus nous rapprochons du cercle polaire (dont la limite se situe vers Lyon pour les Marseillais), et plus la température baisse. L'avancée dans l'heure ne compense plus la remonté vers le 46ème parallèle. Il faut dire que la couverture nuageuse s'épaississant, le Dieu Ra a de plus en plus de mal à réchauffer nos carcasses.

Il est presque midi, quand nous arrivons en vue de Condrieu. Nous avons parcouru 125 kilomètres en presque 3 heures, ce qui donne une moyenne de 45 kilomètres par heure. Ce n'est certes pas une moyenne de rallye, mais pour une balade en cabriolet, et compte-tenu de la température ambiante, c'est pas si mal.

Comme c'est presque l'heure de déjeuner, nous décidons de nous arrêter dans Condrieu. Après avoir repéré un petit resto ouvert (ce qui est rare un lundi), nous garons Titine sur une placette située en face. Pour déjeuner tranquille, je remets la capote, ce qui ne prend qu'une minute, étant devenu un pro du capotage décapotage rapide.

Après un repas rapide, nous reprenons la route, mais ma douce épouse me suggère de ne pas descendre la capote.

- « Il ne fait plus assez chaud, et je ne veux pas tomber malade ! Déjà que je sens pointer un rhume… »
- « Ok ! En plus, si ça se trouve, on va choper la pluie… »

Je ne me sens pas frustré pour autant, compte tenu du fait que nous avons bien profité de la position cabriolet jusqu'à présent. De plus, l'agrément de conduite est toujours là.

Nous reprenons tranquillement la direction de la maison. Arrivés au niveau de Vienne, nous traversons le Rhône, et prenons la direction de L'Isle-D'abeau, puis Crémieu, Loyettes, Lagnieu, et Ambérieu en Bugey, avant de rejoindre la maison. Quand je vous disais que nous allions prendre le chemin des écoliers !

Malgré les kilomètres, j'ai un petit pincement au cœur quand je gare Titine sous son abri. Il y a comme un goût de trop peu. Elle s'est comportée à merveille, même si tout n'a pas été parfait comme on le demanderait à une voiture d'aujourd'hui.

Il y a toujours ce petit problème de ralenti qui fait des siennes quand le moteur est chaud, les entrées d'air au niveau des oreilles du passager, et les odeurs de liquide de refroidissement quand la capote est relevés, ainsi que les bruits intrinsèques de suspensions, carrosserie, et autres éléments moteurs, qui nous empêchent de somnoler. Mais c'est tellement agréable de retrouver les sensations ressenties quand j'ai commencé à conduire (vers l'âge de 10 ans), et Titine est tellement stable et légère à conduire (sauf pour les manœuvres sur place), que je suis comme un gamin qui doit quitter un manège. J'en veux encore. À quand une descente dans le midi ? En attendant, ce week-end n'a été que du bonheur...

64) BALADE AUX ROUSSES

Dimanche 9 avril 2017 : Notre club a décidé de faire une sortie en groupe, aux Rousses dans le Jura. Évidemment, je saute sur l'occase pour sortir une fois de plus Titine. Ma chère et tendre est partante pour m'accompagner, et c'est vraiment top.

La météo de la semaine dernière annonçait des risques de petites ondées, mais au fur et à mesure qu'on se rapprochait de la date attendue, cette même météo chassait les nuages, et annonçait une belle journée. Tout va donc être pour le mieux.

Le programme de la journée comprend :

-	la montée aux Rousses,
-	un déjeuner, soit au restaurant, soit un casse-croûte sorti du sac,
-	et une visite d'une cave d'affinage.

Nous optons pour le casse-croûte, et pour ce, nous emportons notre glaciaire, avec tout ce qu'il faut pour déjeuner sur l'herbe. Le trajet total prévu est de 250 kilomètres, avec un retour par une route différente de l'aller. Une bonne balade quoi !

Je charge donc le coffre de Titine avec toute la centrale d'achat de chez Casto, pour être sûr de pouvoir me dépanner en cas de problème, plus quelques bidons de fluide divers, notamment ma petite réserve d'essence pour le cas ou quelqu'un d'autre tombe en panne.

Hier, j'ai fait le plein du réservoir, et du bidon. Il n'y a aucune raison pour que Titine ne fasse pas la distance prévue avec simplement un plein.

Cependant, depuis que j'ai fait ce plein, une odeur d'essence me taquine le sens olfactif. J'espère que cela ne gênera pas trop Madame. Cette odeur, dont la source vient du coffre, ne peut provenir que d'une légère fuite au niveau du joint de la jauge, ou du bidon dont le bouchon ne doit pas être au top au niveau étanchéité. Pour m'affranchir de cette dernière éventualité, j'enroule quelques tours de ruban téflon autour du pas de vis de ce bouchon, avant de le serrer comme un malade. Je laisse un peu le coffre ouvert pour évacuer les gaz, le temps de tout préparer.

7h55 : Pour une fois, en cette belle mâtinée qui augure d'une belle journée, nous sommes prêts relativement tôt. Titine démarre au quart de tour, et j'aime bien quand ça commence comme ça.

La température n'est pas vraiment estivale, et notre rendez-vous à 8h00, avec l'équipe, n'incite pas Madame à rouler décapoté. Il fait un petit 9 degrés. Pas de quoi congeler un chat, mais suffisant, pour qu'avec la vitesse, nous frôlions la température de surfusion de l'élément H2O, constituant principale de nos cellules épidermales. En bref, qu'on se gèle la couenne ! C'est donc couvert, que nous descendons à notre point de ralliement, avec la ferme intention de ne pas faire tout le parcours comme ça.

Arrivés sur place, nous dénombrons 4 voitures déjà présentes. Il y a 3 Porsche 924 rouges, et un petit cabriolet blanc dont l'aspect se rapproche d'une Anglaise, mais dont la calandre et les ailes ne me disent absolument rien.

Après renseignement, il s'agirait d'un Kit équipant un châssis et moteur de Citroën 2CV. Il est vrai que je retrouve les phares et les jantes typiques d'une 2 pattes, mais toute ressemblance, avec la première voiture que j'ai conduite à l'âge de 10 ans, s'arrête là.

Je fais remarquer, à ma douce et tendre épouse, que ce petit cabriolet est décapoté, allusion à peine camouflée à notre propre situation, mais j'obtiens une fin de non-recevoir. Nous resterons donc avec la capote, à minima jusqu'au premier arrêt.

8h20 : Nous attaquons un petit-déjeuner sur place en attendant les autres participants.

8h35 : Les autres viennent d'arriver. Nous sommes 10 voitures au total plus quelques motos.

9h15 : Après un petit topo briefing de notre président, plus quelques cafés et morceaux de brioche dans l'estomac, nous prenons le départ.

Comme nous devons traverser plusieurs patelins avec des feux et autres empêcheurs de rouler tranquille, nous avons tous une sorte de Roadbook, pour être sûr de bien suivre la même route. Une des Porsche en tête ouvre le cortège, et une autre Porsche, celle de queue, assure le rôle de voiture balai, des fois que l'un d'entre nous reste à la traîne, ou tombe en rade ... Les deux voitures resteront en liaison téléphonique.

Côté motos, nos collègues prennent une autre route, car le plaisir n'est pas le même (ni la vitesse d'ailleurs). Nous devons nous retrouver sur un petit parking à la sortie de Morez

Après Pont d'Ain, nous organisons un premier arrêt pour nous regrouper. Puis nous montons par le Cerdon. J'adore cette route, la D1084, tout en lacets et courbes lentes à flan de montagne. Lorsque Titine est décapotée, le son rauque de son échappement raisonne contre les parois de la montagne, et je retrouve l'âme gamine de mes 20 ans, quand je rêvais de faire des courses de côte, ou des Rallyes.

Ma passagère apprécie un peu moins ma façon de prendre les virages, et semble inquiète quand le régime moteur monte un peu. Là, c'est pas ma faute, car notre petit cabriolet à une quatrième très longue, ce qui m'oblige à rétrograder en troisième si je ne veux pas revoir un geyser au niveau du radiateur.

Comme je l'ai déjà expliqué, le ventilo est entraîné par le moteur, et sa vitesse est donc proportionnelle à celle de ce dernier. De ce fait, si le moteur tourne trop lentement, ce qui est le cas vers 70 kilomètres heure, le ventilateur a la même capacité de refroidissement qu'un glaçon d'apéro dans une couscoussière en pleine ébullition.

Je me retrouve donc avec deux paramètres alliés, à savoir : un moteur qui chauffe parce que ça monte et que nous devons ralentir l'allure, à cause de la Ford Granada du groupe qui n'avance pas, et un ventilo qui veut rien foutre parce que le moteur tourne trop lentement. Pour refroidir, il faut donc monter en régime en passant la troisième. Hélas, toujours à 70 kilomètres heure, le régime en troisième est suffisamment élevé pour inquiéter Madame.

-       « Tu n'as qu'à mettre le chauffage » me dit ma dulcinée !
Elle me surprend parfois par ses bonnes idées. En effet, en mettant le chauffage, et en poussant le ventilo de l'habitacle, je me retrouve avec un deuxième radiateur, et un deuxième ventilo. Certes, ces deux derniers ne sont pas aussi efficaces, mais ils amènent un complément nécessaire et suffisant au refroidissement moteur. Je pousse donc le chauffage à fond, ce qui a pour conséquences de faire baisser la température moteur, mais aussi de faire monter celle de l'habitacle. Ce deuxième effet est nettement moins sensible quand on roule décapoté…

Mais là ! Un troisième effet Kiss cool vient se rajouter : un Dieu Ra très présent, et assez haut pour nous bombarder de ses rayons à travers un pare-brise aussi tinté que l'eau claire, et une capote en vinyle noire, absorbant toute l'énergie, et la restituant intégralement dans notre petit réduit. En résumé : dehors, on caille, et à l'intérieur, on cuit. Heureusement, nous arrivons en haut du Cerdon, et je peux réduire la voilure côté refroidissement moteur et chauffage interne.

10h00 : Après avoir traversé Montréal La Cluse (non, nous n'avons pas fait un détour par le Canada), nous arrivons dans Oyonnax. Un point de rencontre est prévu à la sortie de la ville. Bonne idée, car vu le nombre de feux tricolores, et de ronds-points, et compte-tenu de la circulation, impossible de maintenir notre convoi groupé. Ce dernier s'effiloche, se recrée, puis s'effiloche de nouveau, au fur et à mesure que nous traversons la ville. Heureusement que nous avons notre Roadbook, sans quoi, il y aurait de grande chance pour que certains prennent la direction de Marseille, pendant que d'autres continuent sur Paris, en passant par Strasbourg.

Enfin, tout se passe pour le mieux, puisqu'aucun ne manque à l'appel au point de rendez-vous.

C'est lors de cette brève halte, que je décide de baisser la capote de Titine. Ouf ! On va enfin pouvoir rouler comme j'aime ! Le fond de l'air s'est suffisamment réchauffé pour ne pas nous transformer en produit de chez Picard (il faut bien changer de marque... !)

10h30 : Nous repartons direction Lons le Saunier ... Notre allure de sénateur me permet de faire quelques clichés des deux voitures de devant tout en roulant, mais sous le regard courroucé de Madame... Promis, je le ferai plus... avec toi !

Notre roadbook indique une forte côte. Qu'à cela ne tienne, Titine en a vu d'autres, et elle va grimper ça allègrement ... C'est ce que je croyais avant de voir la dite côte. Boudiou ! Ils auraient pu nous prévenir qu'on montait l'Everest, en ligne droite, et par sa face nord... Quatrième, troisième, puis seconde... Le petit 1300 s'évertue à rester dans les tours, mais la vitesse diminue, diminue, et la température du moteur augmente, augmente... C'est là que je me loue d'avoir trouvé le problème qui transformait Titine en cocotte-minute l'an passé.

Qui va arriver en premier ? Le petit cabriolet en haut de la côte, ou l'aiguille de température d'eau en haut de la zone rouge ? Sur ce coup-là, c'est Titine qui l'emporte d'une courte tête, et le retour sur le plat ramène tout le monde dans la sérénité (moi itou ...).

Malgré les kilomètres parcourus, et le fait que nous soyons décapotés, j'ai toujours cette odeur d'essence qui me titille le sens olfactif ! Si dans un premier temps, j'ai pu mettre en cause le joint de la jauge, il faut reconnaître que ce dernier peut difficilement être impliqué à présent, vu que le niveau dans le réservoir est bien descendu. Nous avons parcouru environ 90 kilomètres, et compte tenu de la sobriété notoire de notre petit destrier, il doit manquer environ 9 litres, ce qui, pour un réservoir dont la capacité théorique est de 42 litres, représente environ un quart de la hauteur. Il me reste deux sources possibles d'émanations nauséabondes : le bidon dans le coffre, ou une fuite sur l'ancienne sortie qui a été colmatée depuis la remise en état du réservoir*. Cette dernière hypothèse ne me rassure pas, car le pot d'échappement passe à proximité. Transformé Titine en navette Challenger ne me tente pas du tout. Je verrai ce problème rapidement au prochain arrêt.

*voir tome 1 – 34) Montage du réservoir

10h50 : Nous arrivons à notre destination intermédiaire, à savoir 'le Regardoir' situé sur la D 470.

Cette halte de 15 minutes aurait pu être une pause pipi, s'il y avait eu des toilettes pour Dame. Mais des toilettes, point il y en a, et je sens monter une petite contestation chez la gente féminine. Il y a bien un restaurant, mais celui-ci est fermé. Un détail que notre organisateur et organisatrice n'avaient pas prévu. À intégrer en priorité dans le retour d'expérience, si on ne veut pas avoir les Femen sur le dos.

Malgré cet inconvénient urinodéfaillant, le paysage est magnifique, surtout sous ce soleil bien présent qui réchauffe nos plus ou moins vieilles carcasses. J'en profite pour vérifier d'où vient cette odeur d'essence !

Apparemment, il s'agirait bien du bidon qui doit dégueuler par le bouchon quand il monte en pression avec la chaleur. La moquette du coffre empeste le super sans plomb 98. J'ouvre un peu le bouchon pour le dégazer, et éviter que le précieux liquide ne continue à parfumer le coffre à trésor de Titine. Un pschitt, qui n'a rien à voir avec le signe de fraîcheur d'une boisson gazeuse, se fait entendre un court instant, avant que je ne referme le bouchon en le souquant comme un malade. Nom d'une pipe ! Ça ne devrait plus fuir !

11h10 : Nous devons repartir, mais lorsque j'actionne le démarreur, celui-ci refuse d'exécuter la tâche pour lequel il a été créé ! Sale bête… ! J'essaie plusieurs fois, mais je n'entends que le 'clac' du lanceur.

Ma Chère Épouse commence à paniquer en voyant les autres voitures quitter petit à petit notre halte. Je descends rapidement, et après avoir enclenché la quatrième, essaie le 'un coup j'avance, un coup je recule'. Mais impossible de réveiller l'autre feignasse. Grrrr … ! Me voyant descendre, puis remonter dans Titine, quelques collègues, non encore en ligne pour le départ, s'inquiètent :

- « T'as un souci ? »
- « Elle démarre plus ! »
- « Problème de batterie ? »
- « Non ! C'est le démarreur qui fait encore des siennes ! »

Ça, ils connaissent, puisque ce n'est pas la première fois que ça m'arrive.

- « On va te pousser… ! »

Sur ce, ils s'exécutent, et commencent en effet à pousser. Cette manip manque tourner au vinaigre, puisqu'après avoir pris un peu d'élan sur le parking, voilà qu'une gourdasse vient couper ma trajectoire avec son tas de boue. Je suis obligé de freiner et braquer pour l'éviter, réduisant à néant l'effort de mes pauvres pousseurs.

Toute une encyclopédie de noms d'oiseaux tente d'arriver jusqu'à mes cordes vocales, pour exprimer ce que je pense de cette façon de conduire, et cette absence de jugeote, mais le self contrôle, que je travaille depuis des années, bloque carrément la sortie de ces invectives. Tant mieux pour elle… !

Mes collègues recommencent donc à pousser, et après avoir mis le contact et enclenché la seconde, le petit 1300 démarre au quart de tour, dès que je relâche la pédale d'embrayage. Ouf… ! Tout va bien ! Mais il va vraiment falloir que je démonte à nouveau ce foutu démarreur, pour l'opérer une troisième fois.

11h15 : Nous sommes en route vers notre destination finale, les Rousses et sa cave d'affinage. Passage par Clairvaux les Lacs, puis direction Saint Laurent en Grandvaux par la D678, Morbier et Morez. Deux kilomètres après Morez, nous devons retrouver nos amis motards, sur un petit parking vers un arrêt de bus. C'est aussi l'occasion de faire quelques photos de notre petit groupe de

voitures, car les deux roues ne sont pas encore là. Pourtant, il est déjà 12h20, et compte tenu de notre allure de sénateur qui est sans doute loin de leur train d'enfer, c'est eux qui auraient dû nous attendre.

Je laisse tourner Titine, car ma moitié craint une nouvelle grève du démarreur.

Au bout de 5 minutes, l'attente étant un peu trop longue, je coupe quand même le contact, afin d'éviter le coup de chaud fatidique. En effet, l'aiguille de température commence à vouloir gravir allègrement les pentes du Stromboli.

- « t'aurais pas dû ... On va pas pouvoir redémarrer », me dit ma dulcinée avec optimisme ?

- « On se fera pousser ! »

En attendant, pas de motard à l'horizon. L'avènement du portable est une chose sympa et utile dans ce cas-là, puisque nous apprenons que les retardataires ont changé leur fusil d'épaule, et qu'ils sont tranquillement en train de pique-niquer un peu plus loin. Ils nous attendront vers la cave pour faire la visite avec nous.

12h30 : La tentative de démarrage est presque un succès. Le dormeur a dû prendre du café, puisqu'il répond instantanément quand je tourne la clef de contact. Madame est rassurée, même s'il faut tirer un moment dessus (le démarreur) pour que le moteur daigne enfin démarrer.

C'est le problème avec cette petite auto. Quand elle est chaude, l'essence doit se vaporiser trop vite (problème de vapor lock), et elle a du mal à démarrer. Je pense que les deux circuits de réchauffage du carbu ne sont pas innocents dans cette histoire. J'envisage, plus tard, de faire un essai en reliant les 4 durites pour by passer le carbu, ce qui supprimera ce réchauffage sans doute inutile par temps chaud.

Nous reprenons donc tranquillement la direction des Rousses. La route est belle et sinueuse, et même si les passages à l'ombre nous amènent une certaine froideur, je ne boude pas mon plaisir.

12h40 : Nous voilà arrivé à destination, et nous nous garons tant bien que mal le long de la route, en face du restaurant, où une partie du groupe doit déjeuner.

Bon ! C'est pas tout, mais il va falloir trouver un coin pour déjeuner, sachant que ma chère femme et moi-même n'avons pas prévu d'aller au resto. Nous avions envisagé de partager notre repas avec les motards, mais ceux-ci ont décidé de faire cavalier seul. C'est là que notre président nous informe, que deux autres collègues ont prévu de pique-niquer aussi. Tant mieux ! On se sentira moins seuls. Grâce à un GPS sur Smartphone, et à la connaissance du coin par l'épouse de l'un d'eux, nous décidons de nous installer à un ou deux kilomètres de là, sur une aire de pique-nique de la station des Rousses.

Arrivé sur place, pas d'aire de pique-nique, mais les restes déneigés d'une piste de ski. Qu'à cela ne tienne ! Nous garons les voitures un peu à l'ombre, et installons une couverture à même le sol, près d'une plaque de neige, tout en évitant les bouses de vache qui tapissent le sol par centaines. Un vrai déjeuné sur l'herbe, comme on aime...

Même si le fond de l'air est frais, accentué par une petite bise issue directement du Pôle Nord, ce repas champêtre, c'est le pied. Nous sommes tellement bien, que nous ne voyons pas le temps passé. C'est donc un peu dans la précipitation, qu'il faut quitter ce lieu idyllique pour ne pas louper le rendez-vous fixé avec le reste du groupe.

14h05 : Nous sommes de nouveau regroupés, pour nous diriger en convoi vers le château servant de cave d'affinage. Ce dernier n'est pas très loin, et 5 minutes plus tard, nous arrivons sur place. Le guide de la visite nous enjoint à ne pas utiliser le parking, mais propose de nous placer le long des pelouses du domaine, devant l'entrée réservée aux visiteurs.

Bien que fervent défenseur du fromage français, j'éprouve une certaine gêne, pour ne pas dire du dégoût, face à l'odeur pestilentielle que dégage ce produit de la haute gastronomie de notre beau pays. Je m'excuse donc auprès de tous les fins gourmets, mais pénétrer dans l'antre de la fermentation lactique est pour moi, au-dessus de mes forces. Rien qu'au niveau de la salle d'accueil, je suis repoussé par ce fumet, qui s'apparente plus à un mélange d'ammoniaque et de fausse septique, qu'à un régale pour les papilles. Je reste donc à l'extérieur, et me proclame gardien du parc automobile du club.

Ça tombe bien, puisque pendant que mes chers collègues et ma douce épouse sont en visite, quelques touristes de passages me posent de nombreuses questions sur les quelques représentantes du patrimoine automobile ici présentes. Je tombe sur quelques connaisseurs, mais aussi sur de simples curieux, et échanger avec eux est un vrai plaisir. Que du bonheur pour moi ! Je ne regrette pas ma 'non' visite. Je ferai trois Pater et deux Ave pour me faire pardonner d'avoir dénigré cet incontournable de notre gastronomie.

16h30 : La visite est terminée, et nos deux organisateurs sortent des tables, pour que nous puissions prendre un petit 4 heures, à base de tartes, de jus de fruits, et de pétillant du Cerdon (Avec modération... le Cerdon).

Après cette petite collation, nous reprenons la route du retour qui est plus rapide sur le papier. Le trajet prévoit de passer, via la D25, par Lajoux, Mijoux, Lelex puis Champfromier, Nantua, avant de rejoindre Pont-D'Ain (non, ce n'est pas le sketch 'les patelins' de Chevallier Laspales.)

Nous roulons pépère pendant 60 kilomètres, quand je vois la voiture de tête s'arrêter sur un parking, bien avant Nantua. Notre président, qui en descend, passe devant chaque voiture en nous disant :

-        « Nos collègues à motos viennent de me prévenir ! Tout est bouché côté Nantua, à cause d'un accident ! Il faut trouver une autre route si on veut pas rester coincer plusieurs heures ! »

L'homme à la 2CV bizarre, qui a l'habitude de circuler à vélo dans le coin, nous indique un autre passage, quitte à faire quelques kilomètres en plus. Je regarde la jauge de Titine ainsi que le compteur journalier...
La jauge est dans la zone blanche qui correspond à la réserve, à plus ou moins 20 litres près. Eh oui ! Je n'ai jamais tenté l'expérience de tomber en panne sèche pour voir où se situait la position 'Empty' (ça, c'est pour ceux qui ont déjà conduit des Anglaises ou Américaines). Je sais juste que, jusqu'à 280 kilomètres, ça passe, même si la jauge n'indique plus rien. Là, le compteur indique 230 kilomètres, ce qui signifie que théoriquement, je peux encore faire 50 bornes, et qu'après, chaque kilomètre parcouru augmentera mes perspectives d'autonomie pour les sorties futures. Joueur ou pas le Nanard... ?

Sachant que j'ai un bidon plein dans le coffre, et que celui-ci m'empuantit l'habitacle depuis le départ, je me sens l'âme joueuse.
Je vois déjà vos remarques pertinentes :

-        « Mais la 304 à un réservoir de 42 litres normalement ? ».
Et moi de vous répondre :

-        « C'est sûrement vrai... puisque c'est écrit dans la notice »
Mais sur Titine, le système jauge-crépine a été modifié, suite à la perte de celle d'origine.

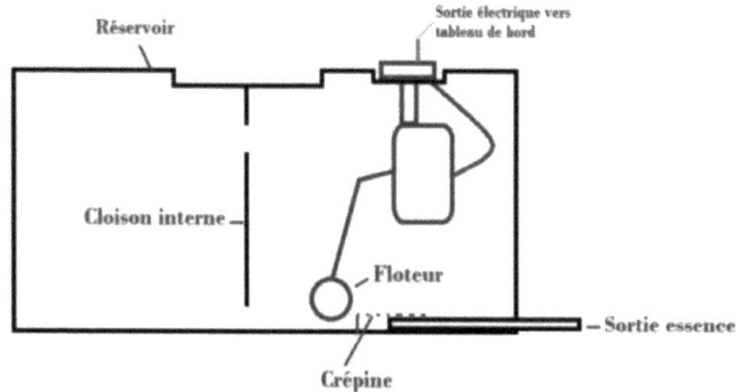

ANCIEN SYSTEME

Sur le système d'origine, la sortie essence se faisait en partie basse du réservoir, et le bouchon de jauge ne comportait que les bornes électriques de cette dernière. La crépine d'origine, soudée en fond de réservoir, ressemblait à une toile d'araignée traversée par un bourdon équipé d'un turbo, et en colère... Impossible de garder cette ruine qui risquait de boucher la sortie essence, en continuant à se déliter. Impossible aussi de retirer les déchets encore soudés au fond du réservoir, d'où l'idée de changer de système.

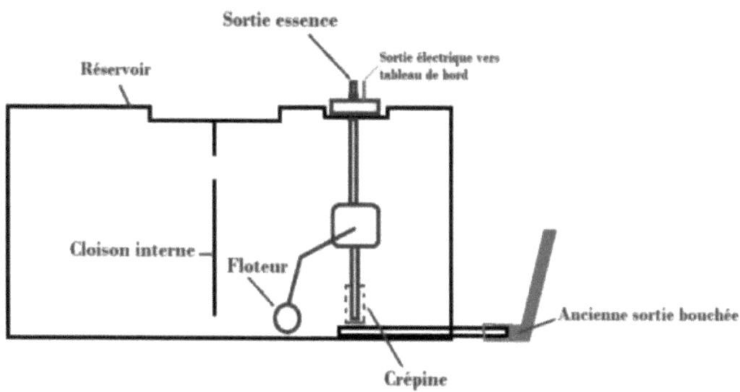

NOUVEAU SYSTEME

Actuellement, c'est par une crépine verticale, accrochée à un tube qui traverse le bouchon de jauge, que l'essence quitte le réservoir, et je ne sais absolument pas si ce tuyau va jusqu'au fond ou s'arrête à mi-chemin. Impossible de connaître la quantité d'essence qui ne pourra pas être aspirée, d'où grosse incertitude sur l'autonomie.

Pour revenir à ce trajet détourné, nous passons par des petites routes sinueuses et boisées. La pseudo Deuche, qui caracole en tête, nous mène un train d'enfer. C'est dingue ce que cette petite auto est capable de faire. Son moulin n'a que la moitié de la puissance de celui de Titine, et pourtant, il se permet de grimper des côtes à une vitesse étonnante. Il doit carburer au nitrométhane, et le chauffeur a bouffé du Topset, c'est pas possible… !

Nous passons par Charix, puis près du lac Genin, avant de revenir sur Oyonnax. Un petit arrêt dans cette jolie ville permet de nous regrouper.

Certains d'entre nous ayant choisis de regagner leurs pénates par une autre route, c'est donc avec un effectif plus réduit que nous reprenons la route.

Nous nous dirigeons vers Montréal la Cluse (toujours en France), avant de rejoindre Pont-d'Ain par le Cerdon. C'est à Montréal que nous constatons le côté positif de ce détour, car en face, c'est sur des kilomètres que les véhicules, obligés de quitter l'autoroute à cause de l'accident, se retrouvent complétement bloqués. Titine n'aurait absolument pas apprécié ce bouchon énorme. J'avais déjà claqué un joint de culasse, sur une Super 5, dans une situation similaire, en région parisienne (8h00 pour faire 80 kilomètres).

Nous longeons ce bouchon jusqu'à Saint-Martin du Fresne, puis nous reprenons la descente du Cerdon, avant de rejoindre Pont-D'ain et Varambon.

A Leymiat, avant Poncin, je fais gaffe à la boîte à image. Comme j'ai Ra dans les mirettes, impossible, même avec des lunettes de soleil, de voir le compteur de vitesse, qui de toute façon est faux. C'est donc au jugé que je passe devant le guichet du percepteur ! J'espère seulement que la mère maquerelle ne me ponctionnera pas encore quelques Euros.

20h15 : Nous sommes revenus à notre point de ralliement du départ. La gente féminine étant trop fatiguée, nous nous séparons, afin de regagner chacun notre 'home'.

Sur le petit trajet qui nous sépare de la maison, je jette un œil sur le compteur journalier, et constate que nous avons fait 305 kilomètres. Youpi... !

J'ai augmenté mon autonomie potentielle. Mais je constate aussi que l'aiguille du compte-tour oscille entre 2500 et 8000 tours, sans que le régime moteur ne change. Sont-ce les prémices d'un amorçage, signe avant-coureur d'une future panne sur l'allumage ?

En attendant, nous avons fait une belle balade et c'est presque avec nostalgie que je remise Titine sous sa bâche.

Je vois que vous restez sur votre fin en vous disant :

-	« mais pourquoi cet olibrius nous a bassiné les manettes avec son odeur d'essence, sans plus d'explications ? ». J'y arrive !

C'est en remettant la bâche que l'odeur m'a de nouveau agressé les naseaux. Pas question de laisser le bidon dans le coffre, puisque apparemment, c'est lui qui est en cause.

C'est en sortant ce dernier que ma vue perçante voit, à la lumière du projecteur qui éclaire l'abri, un minuscule jet de vapeur, de la taille d'un cheveu de nouveau nez, sortir de la paroi latérale du bidon… Cette vacherie de jerrican est percée, mais le trou est si petit que l'essence, pourtant hyper fluide, ne sort que sous une certaine pression, c'est-à-dire quand le bidon est chaud. Dans le cas présent, c'est le fait de le sortir précipitamment du coffre, plus une chaleur résiduelle, qui a fait monter cette pression.

Pourtant, le fluide malodorant (et onéreux) ne s'est extériorisé que le temps de faire ouf… ! Cependant, c'était amplement suffisant pour que je débusque cette fuite sournoise sous un bon angle d'éclairage. En fait, j'ai eu l'œil au bon moment. Reste plus qu'à remplacer ce foutu bidon… Satisfait maintenant ?

65) BALADE DANS LE VERCORS (L'ALLER) :

Lundi 17 avril 2017 : Je reçois un mail de la part d'un collègue qui organise une sortie en voiture dans le Vercors, le dimanche 23 avril. Oups ! Le programme à l'air sympa, mais vu la balade d'hier aux Rousses, cela risque de faire beaucoup pour Titine !

Je jette un petit coup d'œil sur les prévisions météo du week-end... ! Quelques nuages en perspective, mais pas forcément d'eau. La météo n'étant, comme chacun le sait, précise que pour les prévisions du jour qui vient de passer, je vais suivre l'évolution au fil de la semaine.

L'aspect sympa avec ce collègue, c'est qu'il n'y a pas besoin de s'inscrire. Il suffit d'être sur place, à l'heure, pour faire partie du lot. J'ai donc le temps de réfléchir.

Samedi 22 avril : La météo annonce un super temps pour demain. Cette balade me titille le cortex, et Titine sous sa bâche semble me dire : « aller ! Emmène-moi au bout du monde ! ».

Bon ! Le Vercors n'est peut-être pas aussi loin que ça, mais ce sont 300 kilomètres de plus à lui faire faire. Le programme prévoit la visite d'une grotte, et celle d'un musée de l'automate. Ça me tente.

Madame ne tient pas à me suivre sur ce coup-là, car elle préfère rester tranquillement dans son jardin. J'aime bien être avec elle, mais la tentation est trop forte. C'est donc avec une pompe à ocytocine tournant à plein régime, que j'accepte l'invitation, même si je perçois quelques réticences de la part de ma dulcinée.

-        « Tu trouves pas que ça fait un peu trop pour Titine», me dit la voix de sa raison ?
Et elle a sûrement raison, mais chez moi, la raison à ses raisons que ma raison ignore.

En fin de soirée, je jette un œil sous le capot pour vérifier que tout va bien. Le niveau dans le radiateur me semble correct (je n'arrive jamais à le garder plein). Côté huile, j'en rajoute un peu, car la jauge indique un peu plus que le mini. Côté liquide de frein : RAS. J'enlève tant bien que mal une grosse bouse de tourterelle sur le coffre arrière. Ces bestioles, qui sont protégées chez nous, n'ont rien trouvé de mieux que de nicher juste au-dessus de Titine, et pour me remercier de cet accueil, d'attendre que je retire la bâche de protection pour me gratifier d'un magnifique étron, en plein sur la véronique qui équipe le coffre. Après avoir réparé les effets de cet incident scatologique, tout paraît Ok pour demain.

Dimanche 23 Avril 2017 : Encore une belle balade en perspective. Le soleil est bien présent, mais pas les degrés. Comme un gros gland que je suis, j'ai oublié de remettre la capote hier, alors qu'elle était chaude. Faire la manip ce matin ne m'inspire pas. En effet, cette capote est difficile à tendre par basse température. De plus, depuis l'accident qui m'est arrivé, cet hiver, avec celle de

la petite cousine de Titine (la 205 CJ), je n'ose plus manœuvrer ces toitures en toile.

Que je vous explique brièvement ce qui m'était arrivé. Je souhaitais réaliser quelques clichés de la 205 dans un décor hivernal, pour un concours photos dont le but était la réalisation du calendrier 2017 du club 205. Au passage, une de ces photos m'a valu le premier prix de ce concours. Pour amener un peu de peps, j'avais décidé de prendre la petite auto avec la capote baissée. Mais en manœuvrant cette dernière, j'ai entendu le claquement sec d'un bout de plastique qui casse. Après vérification, cette maudite capote s'était bel et bien cassée (et non déchirée) comme du verre. J'ai donc dû la remplacer par une neuve, dès les premières chaleurs.

Vous comprenez donc que je puisse avoir quelques réticences à faire cette manœuvre par temps froid, même si la capote de Titine est plus récente, et même si le mercure est un peu plus haut dans le tube aujourd'hui.

Je fais donc face à l'adversité, en partant en version cabriolet. Je rajoute quelques couches de vêtements pour protéger mon épiderme vieillissant, des gants pour mes mimines, et mon éternelle casquette pour les quelques neurones qui me restent.

8h15 : Le rendez-vous est fixé à 9h00 à Lagnieu. Avant de rejoindre les autres, il faut encore que j'aille chercher du pain pour mon casse-croûte de midi, et que je fasse mon devoir électoral (et oui, on vote aujourd'hui...). Ma chère et tendre épouse, malgré sa réticence à me voir partir aujourd'hui, a tout prévu pour que je ne tombe pas d'inanition dans l'après-midi. Il ne manquait que le pain pour le casse-dalle. Petit coup de démarreur, et le petit 1300 démarre au quart de tour. Ouf ... ! Direction le centre de mon village.

8h30 : J'ai réussi à passer dans l'isoloir, puis à la boulangerie, et suis de retour à la maison. Quand il s'agit de me balader avec Titine, je bats tous les records dans la planification des tâches avant départ. Je place la glacière dans le coffre, avec tout ce que ma douce femme a préparé avec amour, et me voilà en route pour Lagnieu.

Le compteur kilométrique journalier indique 90 kilomètres, mais j'ai mon nouveau bidon d'essence plein dans le coffre. Ce bidon semble parfaitement étanche, et aucune vapeur du précieux liquide ne semble émaner du petit récipient de 10 litres. Tout va donc pour le mieux, sauf que je me gèle les naseaux et les esgourdes. Il est encore tôt, et je subodore que le Dieu Ra va finir par faire son boulot, à savoir, apporter les quelques degrés qui manquent à mon bien-être.

9h00 : J'arrive pile à l'heure à Lagnieu, et sans faire d'excès de vitesse. 'Ça, c'est du timing ou je m'y connais pas ... !' Il y a déjà la Simca 1000 de Lulu, et la Traction de Roger.

Je vois aussi un petit groupe, dont Raph et Thierry, mais pas leur bolide américain.

Il s'avère que ceux-ci ont eu quelques gros soucis, et sont donc indisponibles pour cette balade. Pour eux, elle se fera en Mercedes récente, ce qui présente beaucoup moins de charme.

Pendant que j'avale un petit caoua chaud qui m'indique le parcours exacte de mon tube digestif jusqu'à l'estomac, une quatrième ancienne arrive. Il s'agit d'une belle Ford Mustang bleue (sans doute plus ancienne que Titine).

Nous attendons encore quelques minutes, pour des retardataires éventuelles.

9h30 : Comme personne n'est arrivé, notre petit groupe prend la route, avec la 1000 qui caracole en tête. Personnellement, je suis derrière la traction noire de Roger.

Notre parcours passe par Morestel, les Abrets, Montferrat en longeant le Lac de Paladru. Nous passons ensuite par Chirens, Voiron (célèbre pour ces caves et la chartreuse), Tullins, puis Vinay, capitale de la noix de Grenoble.

Vinay est notre premier arrêt officiel pour regrouper tout le monde, ce qui se résume aux 5 voitures précitées. Pour certains, cela aurait pu être une pause pipi... Mais de pipi-room, point y en a !

Après quelques minutes d'arrêt, notre ami à la traction prend les devants, histoire de trouver un petit coin au sortir de la ville, suivi de près par la Mustang.

Je reste avec notre ami lulu dont la 1000 ne veut plus démarrer. Elle paraît aussi capricieuse que Titine, et semble comme elle, victime du vapor lock.

Après quelques coups de démarreur, elle repart, et je la suis. Nous nous arrêtons sur un petit parking à la sortie de Vinay, sans pour autant avoir vu la traction.

J'ai arrêté le moteur de Titine, car je m'aperçois que l'aiguille de température décide de rejoindre la zone rouge. Il reste encore de la marge, mais quand-même !

Pour l'instant, je ne m'inquiète pas trop, et je mets ça sur le fait que nous roulons trop lentement. En quatrième, à soixante-dix kilomètres heure, le compte-tour n'indique que 2000 tours par minute, ce que j'estime insuffisant pour entraîner efficacement le ventilateur.

En attendant, où est passée la grosse voiture noire ? Elle n'a pas pu se cacher quand-même ? Tout en discutant sur notre nouvelle zone de stationnement, on la voit passer, sans que celle-ci nous remarque. Il faut dire qu'au même moment, deux autres anciennes passent à contre-sens. En réalité, la loi de Murphy a joué en notre défaveur (comme d'habitude). Il se trouve que le collègue au char noir, occupé à regarder ces mamies, ne nous a pas remarqués sur sa droite.

Nous quittons notre halte afin de regrouper tout le monde. L'aiguille de température se décide à redescendre, mais reste à mie hauteur, entre la bouche du volcan que représente la zone rouge, et la banquise où elle glande

habituellement. Pour moi, elle est dans une zone normale, et comme tout à l'heure, je ne m'inquiète pas outre mesure.

Nous traversons ensuite St Marcellin, St Romans, Pont en Royans, puis le pont sur la Bournes, et attaquons une zone montagneuse dans la vallée du même nom.

La route est belle, et le paysage est magnifique. Nous montons à une allure de sénateurs, la traction ayant semble-t-il, du mal à grimper ces côtes.

Nous nous amusons comme des gosses, avec la résonance des moteurs et klaxons sous les tunnels, quand je jette un œil machinal sur la température. Oups … ! Cette dernière a profité de mes instants d'inattention pour filer en douce vers cette foutue zone rouge. Mais qu'est-ce qui l'attire ? Serait-elle comme ces ados qui recherchent le danger pour faire grimper leur taux d'adrénaline ? En attendant, il faut que je la fasse redescendre illico presto, avant de voir jaillir le geyser fatidique.

J'utilise tous les moyens à ma disposition à savoir, le chauffage et son ventilateur poussés à fond, plus un rétrogradage en troisième pour faire monter le régime moteur, et par la même, celui du ventilateur et de la pompe à eau.

L'aiguille, après quelques hésitations, commence à revenir dans une zone plus sereine. Je conduis donc avec un œil rivé sur le petit indicateur, et l'autre sur l'arrière de la Ford Mustang. Comme disait un ami d'enfance : « l'a un œil dans le poêle à frire, et l'autre qui dit, entention à leu chat … ».

Je roule ainsi, jusqu'au parking de la Grotte de Choranche que je vois arriver avec soulagement.

12h35 : Comme nous devons déjeuner, puis visiter les grottes, la température du petit 1300 à largement le temps de baisser avant de reprendre la route.

Il fait vraiment beau, et même chaud, et le paysage est grandiose. Un vrai régal pour les yeux et le moral…

14h40 : Après un petit mâchon, nous visitons les grottes… Il fait frais et humide, et cela fait du bien. De plus, quel beau décor !

15h30 : Fin de la visite. Nous regagnons nos destriers pour rejoindre notre destination suivante, à savoir, le musée des automates à Lans en Vercors. La route sinueuse est toute en descente, ce qui me rassure.

Pourtant, je vois l'aiguille remonter vers la zone rouge, sans toutefois l'atteindre. Je laisse le chauffage, et utilise un maximum le frein moteur pour

garder un régime élevé. La petite capricieuse ne veut pas réellement redescendre, et reste aux trois-quarts de l'indicateur, attendant sans doute un instant d'inattention de ma part pour repartir vers les sommets.

Nous traversons le pont de la Goule Noire, puis Villars de Lans, et Lans en Vercors, avant d'arriver au musée vers 16h30.

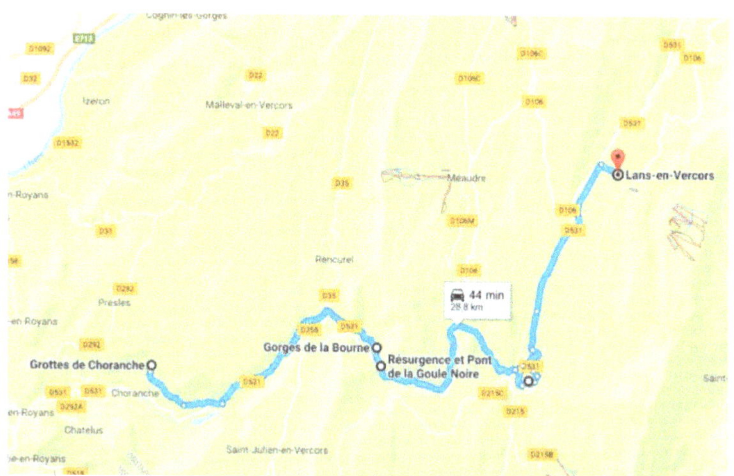

17h40 : Après la visite du musée, nous reprenons le chemin de la maison, via les Gorges d'Engins et Sassenage. Je commence à flipper, car l'aiguille frôle de plus en plus la zone rouge. Pour l'instant, elle est juste en dessous, sans vraiment l'atteindre. Il manque un poil d'une partie génitale mâle pour pénétrer dans la zone interdite. Vacherie... ! Je conduis les yeux fixés sur l'indicateur. Je dois avoir un troisième œil, car j'accélère et ralenti en fonction de l'allure de la Ford qui me précède, sans pour autant avoir conscience de la voir.

Soudain, je reçois comme un éclair de lucidité. Mais bon, sang, mais c'est bien sûr... ! Il doit manquer de l'eau... ! Mais quel c... tu fais Nanard ! Comme si tu ne pouvais pas regarder avant de quitter les différentes haltes. Je m'en veux d'être aussi stupide, stupidité qui risque bien de me coûter un joint de culasse. Que faire ?

Je suis en queue de peloton, car la Mercedes nous a quittés depuis le musée pour faire face à un impératif horaire ! Si je m'arrête, est-ce que les autres vont s'en apercevoir ? Je sais que Roger, dans sa traction, souhaite faire rapidement le plein de son char d'assaut. Je mise donc sur un arrêt proche pour remettre à minima de l'eau (je n'ai plus de liquide de refroidissement dans mes bidons.)

J'ai un petit espoir en voyant une station d'essence de grande surface. Hélas, aucun de mes prédécesseurs ne met son clignotant, signe qu'aucune halte n'est prévue à cet endroit. J'enrage un peu !

Là-dessus, nous prenons un bout d'autoroute gratuite, ce qui me fait envisager une circulation un peu plus rapide, et donc moins favorable à une montée de fièvre.

Que nenni ! La traction fixe la vitesse à 90 kilomètres heure, ce qui ne m'arrange pas du tout. Quelques kilomètres plus loin, j'aperçois un panneau indiquant qu'il reste deux sorties gratuites avant d'atteindre la zone à péage. Je pense que notre ami Lulu, qui connaît très bien ce coin, va nous faire prendre une de ces deux sorties.

En effet, nous prenons la première. L'aiguille taquine toujours la zone du « bas les pattes, ou tu vas te brûler » ! Mon niveau d'angoisse frôle aussi la zone rouge, quand je vois Lulu mettre son clignotant pour s'arrêter sur une station ! J'allais dire ouf, quand mes yeux écarquillés, et pleins d'horreur, remarquent que cette p.... de station est désaffectée... Fausse joie ! Grrrrr !

Comme mes collègues ne font que transiter par les pistes, sans presque ralentir, impossible de leur faire comprendre qu'un arrêt rapide s'impose. Et ce foutu klaxon qui ne veut plus marcher, juste au moment où j'en ai vraiment besoin pour leur faire signe... ! Impossible aussi de les doubler, compte-tenu de la densité de circulation.

Quelques kilomètres plus loin, je vois un complexe commercial avec une autre station ! Tel le Phénix, mon espoir renaît de ses cendres !

En effet, je vois Lulu mettre son clignotant. La station est un peu bondée, mais tant pis. C'est donc plein d'espoir que je m'engage sur la piste, quand je vois l'ami Roger faire signe que ce n'est pas la peine de s'arrêter ! Ah non ! Cette fois, c'est trop... ! Je déboucle en vitesse ma ceinture, m'arrête, sors précipitamment de Titine, et fonce en direction de la Simca 1000. Cette fois, les Dieux sont avec moi, car la circulation l'empêche de reprendre la route. Ouf... ! Arrivé à sa hauteur, je lui crie mon désarroi :

-        « il faut s'arrêter... ! »
-        « Ok ! Je fais signe aux autres... »

Après un rapide topo briefing sur ma situation titinesque, nous faisons halte sur cette station.

-        « Qu'est-ce qui t'arrive ? »
-        « Ça chauffe à donf ! »
-        « Problème de ventilo ? »
-        « Non ! Je pense que j'ai plus d'eau ! »

Là-dessus, après m'être garé un peu à l'écart, je lève le capot ! Pas de fumerolle indiquant une éruption imminente ! C'est déjà ça !

Lulu touche un peu le cache culbu et retire précipitamment les paluches.

-        « Vingt dieu ! Tout est chaud » me dit-il !
-        « Oui bin ça... je m'en serais douté ! »
-        « Faut ouvrir le bouchon du radiateur avec un chiffon ! »

Je cherche dans le coffre et dans l'habitacle, mais ne retrouve plus le bout de tissus bleu que j'avais placé en prévision ce matin. Quelle poisse... ! Je n'ai que la serviette que ma douce épouse a mise dans la glacière, pour le cas où je mange salement (Ce qui ne m'arrive jamais... !). Tant pis !

C'est donc avec cette serviette que j'ouvre délicatement le bouchon du radiateur. Je pratique en douceur, comme quand j'ouvre le champagne, afin d'éviter un dégazage brutal. Dans le cas du champagne, cela ferait perdre une quantité non négligeable du précieux nectar (Dommage... !). Mais dans le cas présent, cela transformerait, à minima, mes patounettes en viande bouillie pour pot-au-feu (Encore plus dommage... !)

Après quelques degrés de rotation du bouchon, je sens la pression monter, en même temps que le pschitt caractéristique d'un récipient qu'on dégonfle. J'attends que ce sifflement diminue, avant de tourner un peu plus le bouchon, sans toutefois passer le cran de sécurité. Du liquide en ébullition s'échappe de l'espace dégagé, trop content de retrouver sa liberté. Je lâche tout, car ce foutu liquide, après avoir trempé le chiffon, commence à me cramer les pattes de devant.

Le bouchon s'agite quelques secondes avant de se stabiliser. Je finis de le dévisser, et visualise ce que je craignais. Les ailettes internes du radiateur sont

nettement visibles, et surtout pratiquement sèches, attestant sans ambiguïté qu'il y a un certain manque de liquide. Ça c'est pas glop du tout !

D'un côté, je suis content d'avoir raison ! Mais d'un autre, ce manque de liquide ne me dit rien qui vaille. Reste à savoir quelle quantité a décidé de quitter les lieux sans autorisation préalable.

Dans mon malheur, j'ai de la chance, car la station, sur laquelle nous avons fait halte, possède une boutique, et que cette dernière est ouverte en ce beau dimanche.

Je fonce acheter un bidon de liquide de refroidissement. Le gérant me laisse le choix entre des bidons de 1 litre, et d'autres de 5 litres. Pas d'hésitation, je prends un gros.

De retour vers Titine, je verse le liquide salutaire dans le radiateur. Mes collègues, qui sont arrivés au chevet de la petite auto, regardent le liquide couler dans l'orifice. Inquiets, ils jettent un œil sous le moteur pour voir s'il n'est pas en train de rejoindre le plancher des vaches. Mais non ! Tout reste dans le circuit prévu. Les litres diminuent dans le bidon, sans pour autant recouvrir les ailettes du radiateur. Je sais que la capacité du circuit est de l'ordre de 5 litres. Il est donc impossible que le récipient que j'ai en main ne suffise pas.

Au bout d'un moment, je vois enfin le niveau du liquide passer au dessus des ailettes. Je verse jusqu'à ce que plus rien ne rentre. Il ne reste que 2 litres dans le bidon, ce qui veut dire qu'il manquait 3 litres dans Titine. Je comprends mieux la 'non' efficacité du refroidissement. Où sont donc passés ces 3 litres ?

Pour l'instant, c'est un mystère ! Mettant en cause un dysfonctionnement du ventilateur, je démonte la calandre, pour tester le collage de l'électro-embrayage en court-circuitant les deux bornes du thermo-contact.

Rien ! Aucun clac ne parvient à mes oreilles !

-    « Et si tu mettais le contact » me suggère Lulu !

-    « Quel gland je suis... ! »

Mais même après avoir mis le contact, toujours pas de clac ... Comme Lulu a touché les fusibles avant cette manip, je jette un œil sur le tableau de bord ! Aucun voyant ne s'allume quand le contact est mis. Ça, je connais !

Je bidouille une fois de plus les fusibles, et tout rentre dans l'ordre. Nouveau test au niveau du ventilo, et cette fois, j'entends le 'clac' qui signifie que l'électro-embrayage colle bien. Ouf ... !

Après avoir remonté la calandre, je relance le moteur. Ce dernier démarre au quart de tour, ce qui est bon signe. Un œil averti sur l'indicateur de température me signale une température très basse. Normal, puisque je viens de verser 3 litres de liquide froid. Je pense qu'avec les deux litres très chauds qui restaient, le choc thermique au niveau du bloc n'a pas dû être trop violent.

Bon ! Pas le temps de tergiverser, car il nous faut reprendre la route pour ne pas rentrer trop tard.

Nous reprenons le même chemin qu'au départ, mais à l'envers (évidemment). Cette fois, l'aiguille de température refuse de quitter la position

glaçon. Une petite claque technique sur le tableau de bord, et l'aiguille remonte un peu, sans pour autant sortir de la zone froide. Décidément, il va falloir réviser tout ça, car si le fonctionnement en zone rouge n'est pas normal, celle dans cette zone froide ne l'est pas non plus. Je sens qu'une vérification de la sonde, et du circuit électrique dans son ensemble, va être indispensable.

Avec tout ça, je n'ai pas regardé le nombre de kilomètres parcourus depuis le dernier plein. Je n'ai donc aucune d'idée de la distance qui me sépare de la panne seiche. J'écarquille les yeux, et vois le compteur qui indique 340 kilomètres. Chouette ! Record battu… ! Aller, soit joueur Nanar ! Pousse encore un peu plus loin.

La route est belle, mais une certaine fraîcheur commence à tomber. Il faut dire que RA ne va pas tarder à rejoindre Morphée, même s'ils ne sont pas du même pays…

Nous passons par Morestel, puis Montalieu. C'est dans cette petite ville que nous nous arrêtons une dernière fois pour faire le plein de la 1000, et pour les 'au revoir'.

J'en profite pour faire le plein aussi. Le compteur de Titine indique 360 kilomètres et le réservoir engouffre 33 litres avant de déborder. Ça aussi, c'est une surprise, car malgré des régimes élevés, la montagne, et les villes traversées, la consommation est tombée à 9,1 litres au 100. C'est bien mieux que les 10,5 litres habituels. Super Titine …

Nous décollons ensemble de la station, puis, après quelques kilomètres, la Traction nous quitte. C'est ensuite le tour de la Mustang, qui nous double sur la déviation d'Ambérieu, avec le son caractéristique de son V8 montant en régime. En dernier, je quitte Lulu à la sortie de Pont-d'Ain, pour rentrer seul à la maison.

C'est donc avec une certaine nostalgie, et quelques inquiétudes, que je rentre Titine sous son abri.

-       « Quelles inquiétudes » me direz-vous ?

Et bien, pendant l'ouverture du portail, elle s'est mise à faire un drôle de bruit, comme un bruit de courroie qui voudrait aller moins vite que la poulie qui l'entraîne… Cette musique n'a duré que quelques secondes, mais quand même ! Ce petit cabriolet émet suffisamment de sons suspects, auxquels je me suis habitué, pour ne pas en rajouter.

Comme cette étrange mélopée s'est arrêtée aussi vite qu'elle est venue, impossible de savoir qui l'a provoquée. Je tâcherai de faire un check-up complet de Titine avant la prochaine sortie qui est déjà programmée : la journée nationale des voitures anciennes, le dimanche 30 avril.

Je suis quand même super content de cette journée et de cette très belle balade. Encore que du bonheur… !

<h1 style="text-align:center"><u>67) PREMIÈRE CAUSE :</u></h1>

Jeudi 27 avril : Ce foutu problème de chauffe me tracasse depuis quelques jours, et ce n'est pas parce que les derniers kilomètres parcourus en rentrant du Vercors se sont passés, sans problème notoire, que l'incident est clos. Il faut donc que je teste tout ce qui peut l'être. Je prends donc Titine pour aller faire quelques courses et voir ce qui se passe.

Première course de cette matinée : aller chercher du matériel pour l'anniversaire de ma sœur. Je descends en ville et me gare sur une placette. Je récupère le dit matériel, mais en sortant, je n'en crois pas mes yeux. Je vois mon petit cabriolet faire ses besoins sur le beau goudron bien noir. En fait, une belle tache vert fluo s'étale juste sous le compartiment moteur. Inutile de faire un dessin : Titine est incontinente, et un de ses sphincters vient de lâcher…
Je ne suis pas loin de la maison, et un retour rapide s'impose. Je poursuivrai mon programme matinal avec la C5.

Je jette cependant un œil rapide sous le capot… Il y a bien du liquide sur le pourtour du radiateur, mais actuellement, il reste bien sagement dans les douves 'radiateuresques'. Il va quand même falloir colmater cette fuite plus tard.

Ça ne vient donc pas du coin que j'envisageai au départ, à savoir, la proximité de ce radiateur ! Décidément, tout part en sucette sur ce circuit de refroidissement !

Comme d'habitude, je scrute, ausculte, analyse, réfléchis, enquête avec mes petits moyens intellectuels et ma vue basse. Voyant du liquide vert sur l'alternateur, et sachant pertinemment que celui-ci n'a rien à faire à cet endroit,

je passe mes mimines sous la durite d'entrée d'air, et tâte celle de l'eau arrivant sur le calorstat…

Aiiiii ! Ça brûle ! Je retire ma patounette, et constate que mes doigts sont imprégnés de liquide verdâtre. Bon ! La fuite a été localisée. Reste à savoir ce qui fuit.

En pressant la durite, je vois des bulles et du liquide sortir par un petit trou, juste au niveau du collier de serrage. Inutile de chercher plus loin ! « Encore une durite percée, vl'a le mécano qui stresse … ! » (Cela me rappelle une chanson enfantine sur les vitriers !). La fuite n'est pas trop importante, et je peux revenir à la maison avant que les 5 litres de liquide n'aient rejoint le plancher des vaches.

Vendredi 28 avril : Il faut que j'intervienne sur cette fuite sournoise, car j'ai une sortie prévue dimanche, et samedi, pas question de faire de la mécanique pour cause d'anniversaire. Je scrute de nouveau vers le calorstat et distingue bien du liquide au niveau du collier.

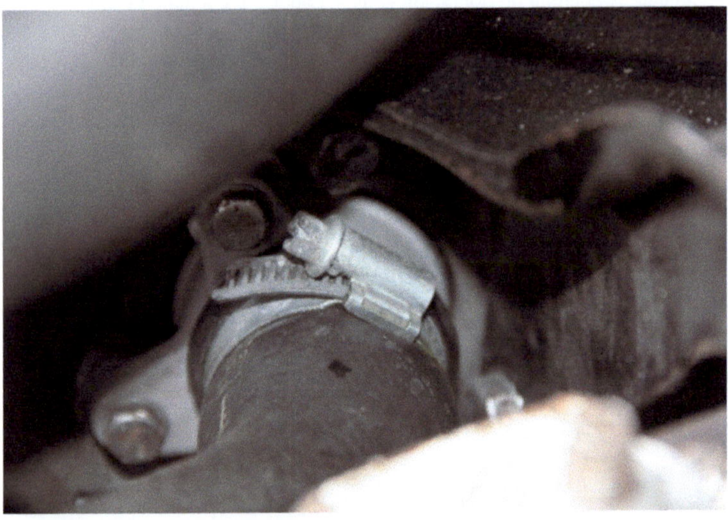

Évidemment, pour atteindre ce lieu reculé, il va falloir retirer la durite du filtre à air. Mais avant tout, il faut vidanger le circuit de refroidissement si je ne veux pas transformer l'alternateur en roue à aubes. Je commence donc par retirer la calandre et le bouchon du radiateur…

Le niveau n'a pas baissé de façon significative, ce qui tendrait à prouver que ma panne du Vercors pourrait bien provenir de cette fuite. Le liquide se serrait barré petit à petit, tel un prisonnier qui cherche à s'évader sans se faire remarquer.

Je récupère ensuite mon bidon 'spéciale vidange circuit de refroidissement' déjà évoqué dans un autre paragraphe, le place sous le radiateur, et cherche une pince pour ouvrir le robinet. Bon ! Étant très ordonné, impossible de trouver une multiprise. C'est donc avec une clef de 7 plate d'un côté et à œil de l'autre, que grâce à un tournevis passé dans l'œil (de la clef), je réussis à desserrer ce maudit robinet.

Je laisse couler, jusqu'à découvrir les alvéoles du radiateur.

Je retire ensuite la durite du filtre à air...

...pour atteindre la zone de l'opération.

Tel le chirurgien, qui place un drap sur les parties non concernées par l'opération de son patient, je place un chiffon entre l'alternateur et la durite à soigner. Un morceau de vinyle aurait été préférable, mais n'en ayant pas sous la main, et ne voulant pas ruiner le budget familial en sacrifiant un sac poubelle, je prends le premier chiffon crado que je trouve.

Bon, le risque de contamination bactérienne étant nulle, cela suffira pour limiter l'entrée d'eau dans l'alternateur quand je retirerai la durite incriminée.

Par acquis de conscience, je débranche la batterie...

... car juste en dessous de mon chantier, se trouve le câble de puissance du démarreur. Je me méfie de plus en plus de la loi de Murphy qui, à tous les

coups, provoquera un court-jus destructif à cause d'un tournevis vagabond ou d'une clef volage…

Je dévisse ensuite le collier de la durite malade, laissant au passage quelques cellules épithéliales d'un de mes 10 doigts, et un échantillon de mon groupe sanguin.

Le retrait de la durite entraîne une petite hémorragie Titinesque, vite colmatée par l'introduction du chiffon hémostatique dans l'orifice du calorstat.

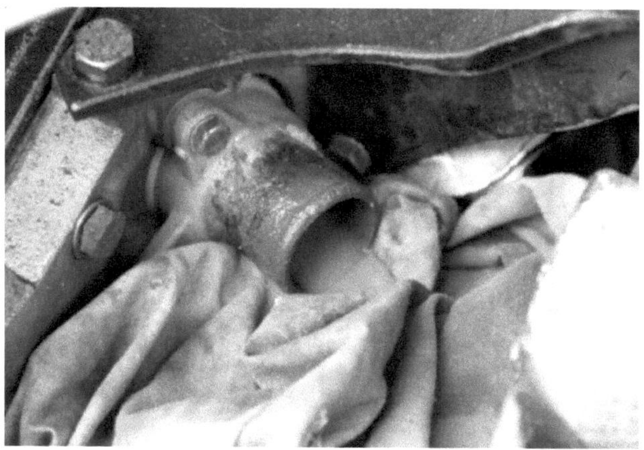

Une fois retiré, j'ai tout loisir d'ausculter le bout de tuyau déficient.

Je constate, sans surprise, que ce dernier présente une mini déchirure traversante.

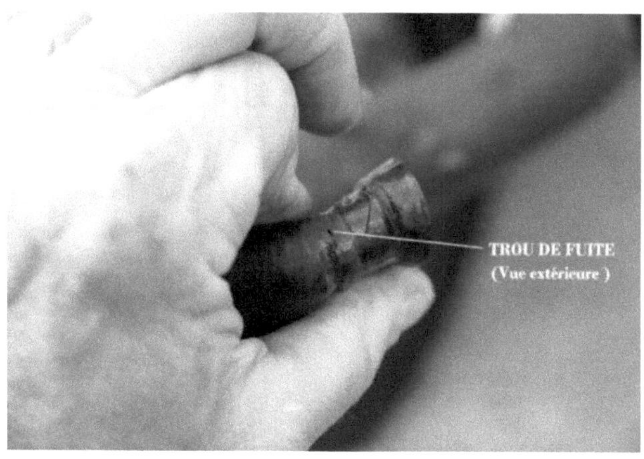

Vu la configuration de cette durite, et l'endroit où se trouve la zone sinistrée, je décide de ne couper qu'un petit morceau de celle-ci, juste en aval du trou. En faisant cela, le collier de serrage se retrouvera en amont du dit trou, et serrera le bout de tuyau dans une zone saine.

Un bon coup de cisaille à tôle et voilà la durite raccourcie de quelques millimètres.

Vue de l'intérieur, la déchirure me paraît plus importante, signe que cette durite n'allait pas tarder à lâcher carrément.

Il ne me reste plus qu'à tout remonter … !

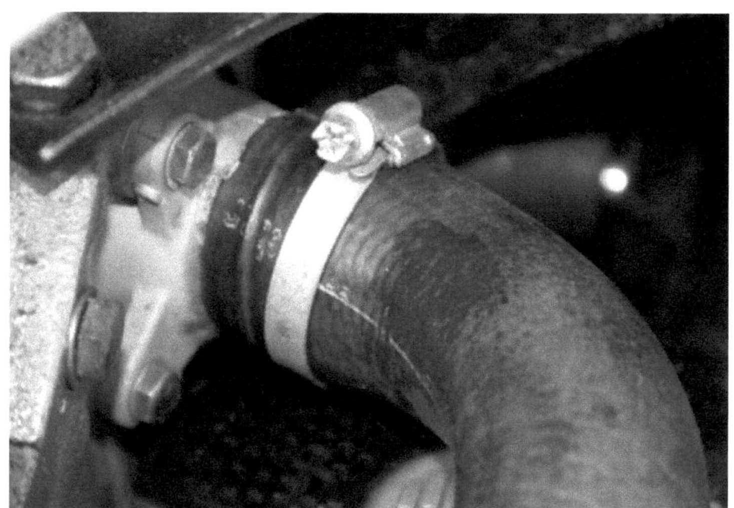

Mais avant de remettre le circuit en eau, je profite de cette vidange pour vérifier le fonctionnement de la sonde de température. Cette dernière est évidemment très accessible… quand le moteur est retiré de la voiture.

Cependant, je constate qu'en retirant le filtre à air, je devrais pouvoir l'atteindre.

Pour retirer le fil qui la relie à l'indicateur du tableau de bord, pas de problème ! Mais pour la dévisser, c'est une autre paire de manche. Avant de faire une grosse co...ie, je teste la sonde avec un ohmmètre : 4190 ohms. Cette dernière n'est donc pas coupée ! C'est déjà bien... ! Mais cette valeur de résistance me semble un peu élevée.

Je décide donc de retirer quand même la sonde, et de la tester en température.

Pour ça, il faut une clef de 21. Mes clefs à pipe ne sont pas assez profondes pour avaler le contact (pas d'allusion graveleuse SVP ...). J'aurais pu utiliser une clef à bougie, mais celle-ci est trop longue par rapport à l'espace disponible. Seule une clef à œil peut passer... et encore ! Quand j'essaie de glisser la 21 autour de l'écrou, le peu de débattement ne me permet pas de chopper la bonne dent. C'est avec la clef de 23 que j'arrive à débloquer la sonde, en me servant du jeu dû aux deux millimètres de trop (23-21=2).

Une fois retirée, et après avoir nettoyé le contact, je teste ma sonde de nouveau. Cette fois, je trouve une résistance plus faible : 2200 Ohms. C'est peut-être normal vu que je la tiens entre les doigts, et que ma température corporelle est nettement supérieure à la température ambiante. Ne dépassant que très rarement les 37 degrés Celsius, il me faut trouver un moyen de monter jusqu'à 100 degrés.

Un petit tour dans la cuisine me permet de trouver le nécessaire pour mon essai. Je fais chauffer de l'eau dans une gamelle jusqu'à ébullition, et plonge, jusqu'à toucher le fond, ma sonde reliée à une borne de mon ohmmètre, l'autre borne de celui-ci étant reliée à la casserole (qui sert aussi de masse).

Cette fois, je trouve une résistance de 200 ohms. En la retirant de l'eau, et en reliant la partie métallique à la borne de l'ohmmètre que j'ai débranchée de la casserole (Je n'ai plus la casserole pour faire le retour à la masse.), la résistance remonte doucement. Un petit coup sous le robinet d'eau froide, et je retrouve presque ma résistance de départ. Tout semble donc normal. Je n'ai plus qu'à remonter l'ensemble, et à tout tester sur place.

Manque de bol, en remontant la sonde, voilà que le joint décide de quitter seul les lieux. Il descend le long du bloc-moteur, et tente de rejoindre les graviers.

Hélas, il a dû être intercepté en route, car impossible de le repérer sur le sol. Je ne le vois ni dessous, ni dans le compartiment moteur. Grrrrrr... Vu le

nombre d'obstacles potentiels ayant pu bloquer ce foutu joint, je décide de prendre, une fois de plus, l'outil du proctologue pour partir à sa recherche. Mais j'ai beau farfouiller dans tous les recoins, impossible de trouver sa planque.
De dépit, je décide de le remplacer par un nouveau.

Je fouille dans ma boîte spéciale qui doit contenir tous les joints de plomberie et d'automobile possible. Comme vous vous en doutez, aucun ne correspond. Le plus gros joint cuivre que j'ai, a un diamètre de 16, mais il me faudrait le diamètre au-dessus.

Je retourne donc sur les lieux du crime, et pousse un peu plus mes recherches, reprenant même la position du cafard flytoxé pour bien voir sous Titine. Rien de rien... ! Ça, c'est la tuile. Où acheter un joint comme ça ? Il est 18h20, et je sais que mon magasin de pièce auto favorit ferme à 18h30. Je vais tenter une grande surface, sachant que celle-ci ferme au plus tard à 19h00.

Me voilà donc avec la C5, sur le parking de la plus proche grande surface, quand je vois une enseigne de pièces auto que j'avais complétement zappée. Eurêka ! Elle est ouverte...

J'achète donc une pochette de joint de 18, une de 20, et un bidon de liquide de refroidissement au cas où. La chance me sourirait donc t'elle ?

De retour à la maison, je replace un joint neuf sur ma sonde de température. Avec moult précautions, pour éviter de transformer le compartiment moteur en collection de joints perdus, j'arrive à la visser, puis à la resserrer.

Ouf ! Un petit coup d'ohmmètre pour constater que tout va bien, et je remets le circuit en eau en reversant, dans le radiateur, le liquide récupéré dans mon récipient spécial pour vidange. Je complète ce qui manque avec le contenu du bidon acheté dans le Vercors.

Après avoir remonté le filtre à air, et rebranché la batterie, je mets en route le petit moteur. Celui-ci démarre au quart de tour, tout en émettant le bruit de frottement de vieille ferraille qui me tracasse depuis quelque temps. Bon ! Ce bruit cesse au bout de quelques secondes, sans raison apparente, et je laisse le petit 1300 monter doucement en température.

Du liquide coule un peu par le tuyau, permettant d'évacuer la surpression du radiateur, quand le bouchon qui sert de soupape de sécurité s'ouvre sur 'pression haute'.

C'est normal, puisque le liquide chauffe et … ? Je me rends compte brutalement que l'ami Lulu m'a fait faire une co…ie, l'autre jour, en me faisant remplir à fond le radiateur. Sur Titine, il n'y a pas de vase d'expansion, et c'est le haut du radiateur qui encaisse les dilatations du liquide de refroidissement, à condition de laisser un peu d'air au dessus de ce dernier.

Sans rentrer dans des problèmes physiques complexes, les liquides ne sont pas compressibles, ce qui fait que toute augmentation, même légère, de température de ce fluide dans un milieu clos sans air (ou gaz), entraîne une augmentation rapide de pression du circuit.

En faisant le plein du radiateur, l'augmentation de température va rapidement provoquer l'ouverture de la soupape du bouchon (qui doit être tarée vers 800 millibars relatifs), laissant couler du liquide par le petit tuyau. CQFD…

De deux choses l'une : soit je vidange un peu de liquide pour laisser le volume d'air nécessaire, soit je laisse faire la nature, en laissant l'excédent de liquide s'évacuer doucement sur le sol, jusqu'à ce que tout s'équilibre.

Comme le moteur chauffe doucement pendant que mon cerveau fait de même en réfléchissant à tout ça, j'aboutie naturellement à la deuxième solution.

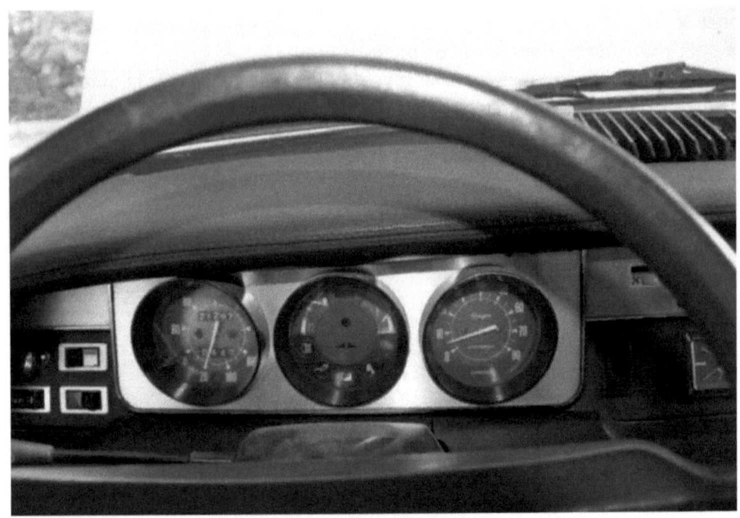

En effet, le petit 1300 a atteint sa température max, avec démarrage du ventilateur, et il n'y a plus de liquide qui coule par le tuyau. Un petit coup d'œil sur le tableau de bord, et je constate que l'indicateur de température est bien sortie de sa zone 'glace polaire' sans toutefois atteindre la zone 'stop tout, ça chauffe'.

Je laisse faire quelques cycles de 'démarrage-arrêt' du ventilateur, et constate avec bonheur que l'aiguille navigue dans la bonne zone.

Avant de remonter la calandre, et refermer le capot, je jette un dernier coup d'œil pour vérifier s'il n'y a pas d'évacuation suspect de liquide. Mise à part celle sur le haut du radiateur, qui entraîne quelques fumerolles, rien d'anormale. Ouf ! Titine est prête pour dimanche. Encore une affaire résolue... Enfin, je l'espère !

Dimanche 30 avril : Aujourd'hui, c'est un grand jour pour les amateurs d'anciennes (voitures … je ne parle pas des gérontophiles.) Cette journée nationale, organisée par la FFVE (Fédération Française des Véhicules d'Époque), a fait naître de nombreux rassemblements sur tout le territoire, un peu comme la journée du patrimoine, mais pour les véhicules.

Notre club, le CMBA, associé à trois autres clubs de la région, a organisé un premier rassemblement à Varambon, avant que toutes les mamies inscrites chez nous ne se rendent, en convoi, à Drom dans l'Ain. Pas question de faire louper ça à Titine. Le rendez-vous à Varambon est fixé à 8h00 pour les membres du club.

8h10 : Je décolle seul de la maison (quart d'heure Bugiste oblige), ma dulcinée ne désirant pas participer à cette manifestation. Il fait un peu frisquet, mais la météo annonce une belle journée, avec sans doute un peu de pluie vers 21h00. M'en fou, puisqu'à cette heure-là, je serai rentré.

Cette fois, je n'ai pas fait la bêtise de la sortie du Vercors. J'ai pensé à relever la capote alors qu'il faisait encore chaud vendredi, et je regarde le niveau d'eau. De plus, mon épouse et moi avons pris Titine hier, pour nous rendre à l'anniversaire de ma sœur, et ma chère et tendre n'a pas souhaité retirer le petit toit de toile, de peur d'être décoiffée.

Étant rentrés relativement tard de cette teuf familiale, Titine est restée telle quelle, sans même être protégée par sa couverture habituelle. Heureusement, nos invités les tourterelles n'ont pas daigné nous remercier de cet accueil en gratifiant le coffre du petit cabriolet de belles déjections, comme elles l'ont fait récemment.

8h15 : J'arrive sur place, où quelques voitures sont déjà présentes. Tout le monde ne respecte pas forcément le quart d'heure Bugiste... ! Les traditions se perdent... !

Les autos, postées là, sont toutes des anciennes du club, bien que certaines soient de jeunes anciennes. Même celles un peu rares, ou à sortie limitée, sont acceptées.

Il y a là une Renault 4 (dite 4L pour les intimes), une 309GTI, une Porsche 914, une Ford Focus, une Morgane, une Simca 1307, une Jaguar, une Ford Mustang GT, et ma Titine que je m'empresse de décapoter, vu que Mahomet (ou RA) commence à faire grimper le mercure. Nous attendons encore une bonne trentaine de véhicules, ce qui fera un beau cortège.

Pendant que nous sirotons notre café en nous bâfrant de croissants et autres viennoiseries, histoire de se remplumer avant la balade, deux ou trois voitures viennent augmenter l'effectif. J'en profite pour faire des photos individuelles lors de leur entrée sur le parc. Puis un flot continu de mémères arrive en complément. Ce sont sûrement nos amis qui viennent du regroupement de Bourg en Bresse.

C'est donc un peu plus d'une trentaine de vieilles carrosseries bigarrées qui égayent notre parc. Un beau spectacle...

Un chouette défilé en perspective, sachant que notre trajet, pour rejoindre Drom, doit faire environ 80 kilomètres. Mais avant de partir, je fais un petit tour sous le capot de Titine pour voir si tout est Ok. Je ne veux pas renouveler la dernière expérience malheureuse avec le manque d'eau.

De ce côté-là, je ne vois rien d'anormal, à part la fuite sur le haut du radiateur. Des collègues présents me donnent quelques idées pour le réparer, à commencer par refaire les soudures avec de l'étain et un petit chalumeau. Un autre me donne l'adresse d'un gars très doué pour faire ce genre de réparation.

Encore des frais en vu... Souhaitant m'assurer qu'il n'y a pas de fuite, je démarre le petit 1300. Mes collègues présents et moi-même voyons le bouchon d'huile, sur le cache culbuteur, pris d'une certaine frénésie. Ce dernier saute comme un Jack Russel attaqué par un régiment de puces affamées. Comme il est à deux doigts de rejoindre le plancher des vaches, il faut que je trouve un moyen de le bloquer provisoirement.

Normalement, ce sont deux joints toriques qui le bloquent. Dans le cas présent, l'un a mis les voiles, et l'autre est aussi dur qu'un morceau d'ébène. Aucune chance qu'il remplisse sa mission.

Ayant tout et n'importe quoi dans le coffre, je déniche un rouleau de scotch électricien bleu. Ça devrait faire l'affaire ! J'entoure donc mon bouchon avec ce scotch, de façon à augmenter le diamètre...

Une fois emboîté, plus de problème… Reste juste à savoir si l'huile ne va pas dissoudre le plastique.

10h30 : C'est le départ pour Drom !

Au moment de quitter le parc des Brotteaux (c'est comme ça que s'appelle notre lieu de rendez-vous habituel), voilà que l'aiguille de température redescend dans les tréfonds de l'indicateur…

Ah non ! Là, c'est trop ! Impossible d'arrêter le convoi ! Je lui donne quelques claques techniques, vous savez, celles qui, si on insiste un peu, transforme la vitre de votre tableau de bord en kaléidoscope psychédélique ! Rien à faire ! J'espère seulement qu'elle va se réveiller comme elle le fait parfois.

Mais au fil des kilomètres, rien ne se passe. Grrrrr... J'enrage, car la loi de Murphy me frappe de nouveau. Comme si ce foutu indicateur ne pouvait pas tomber en rade avant le départ ! J'aurai pu y jeter un œil tranquillement !

Je suis en milieu de peloton et me sens prisonnier.

Je décide de rouler en aveugle, ce qui n'est pas recommandé, vu tous les déboires précédents. Je me rassure en me disant que j'ai de l'eau, que la température n'est pas trop élevée, et que pour l'instant, nous roulons cool.

Hélas, mes arguments s'effondrent petit à petit. Nous quittons rapidement la grande route, pour prendre des chemins de traverses avec vitesse réduite et petites côtes sympas (quand tout va bien). De plus, le Dieu Ra vient de me reconnaître, et il commence à me chauffer la couenne. Il y a des fois où on regrette les nuages !

J'envisage donc le plan de secours, à savoir, mettre le chauffage à fond. Il vaut mieux que ce soit moi qui grille, plutôt que le petit 1300. Mais là, rien ne va plus… En enclenchant le ventilateur, je vois le voyant rouge de charge s'allumer plein feu ! Eh m…de !

Même si je connais la cause de ce malaise, pour l'avoir solutionné dans le passé après moult réflexion, sur le moment, je ne peux rien faire, car impossible de m'arrêter ! Bouuuuuh … ! Mais qui m'a foutu des Gremlins dans le moteur pour me pourrir la vie ? Le pire, c'est que j'ai tout dans le coffre pour diagnostiquer et réparer… Mais pour l'instant, il faut avancer.

Les kilomètres passent, et j'utilise la voie C, à savoir, la montée en régime pour entraîner plus vite le ventilateur (la voie B qui consiste à utiliser le chauffage étant en rade).

C'est là que me vient un affreux doute ! Est-ce que le ventilateur fonctionne encore ? Je ne me souviens plus sur quel fusible il est branché ! Oups ! Si c'est ce que je crains, c'est la tuile…

Tout en continuant à avancer, j'essaie de faire appel à la zone atrophiée de mon cerveau qui avait dû servir de mémoire dans mon jeune temps ! Rien ! Impossible de me rappeler ce qu'alimente le fusible numéro 4, celui que je sais être en cause pour le ventilo de chauffage.

Je commence à avoir des sueurs froides. En attendant de pouvoir m'arrêter, il me reste l'ultime secours… l'odorat ! Je sniffe, renifle, hume, pour dépister une éventuelle odeur de liquide de refroidissement suspecte.

Pour l'instant, rien d'anormal ! Il faut dire que je suis légèrement enrhumé, mais pas suffisamment pour ne pas dépister un début de geyser titinesque !
Les kilomètres continuent à défiler, mais j'ai du mal à apprécier le décor. N'en pouvant plus, je prends la décision de m'arrêter coûte que coûte.

J'entr'aperçois une possibilité d'arrêt, avec en prime, le convoi qui ralentit. Je déboucle ma ceinture pour ne pas perdre de temps, mets les feux de détresse, pour la 2CV qui me suit, et… M…de ! Les feux de détresse n'ont plus l'air de fonctionner, pas plus que les clignotants. Il est vraiment temps que je m'arrête.

Juste avant de stopper, je débloque le capot, et à peine arrêté, je saute hors de Titine. Ceux qui me suivaient me dépassent petit à petit. J'ouvre le capot et commence à trifouiller au niveau des fusibles. C'est en faisant tourner

le numéro 3 dans son logement, que j'entends le ventilateur de chauffage se mettre en route, juste au moment où la Porsche 924, qui sert de voiture balaie, arrive à ma hauteur.

-       « T'es en panne ? » me dit notre président !
-       « Non ! Juste un problème de fusibles ! »

Là-dessus, je saute dans Titine, et rejoins les autres.

Le ventilo fonctionne, mais cette foutue aiguille reste désespérément dans les tréfonds de la zone froide. Mis à part le fait que le petit 1300 n'est pas un groupe frigo, et que, de ce fait, son circuit d'eau n'a aucune raison de faire des glaçons, que la sonde a été vérifiée, et que son contact a été nettoyé, il faut que je me rende à l'évidence : tout doit venir de l'indicateur, ou d'un connecteur... !

En attendant, je conduis une petite auto qui a tendance à faire des poussées de fièvre, et tout ça, sans thermomètre. Quelle poisse... !

Une fois de plus, je fais confiance à ma bonne étoile, et mets toutes les chances de mon côté en laissant le chauffage à donf, et en évitant de rouler avec un moulin qui tourne en dessous de 1500 t/mn.

11h20 : Nous montons à travers les vignes du Cerdon, par des petites routes tranquilles qui n'ont jamais dû voir autant de voitures en si peu de temps.

Je roule devant la voiture-balai, quand je vois une Mercedes (apparemment récente) et la R16 s'arrêter devant moi, juste vers un embranchement. Mince ! Ce n'est pas le moment de s'arrêter, surtout en pleine côte.

J'attends quelques secondes, et j'aperçois un des occupants de la Merco descendre et faire signe. Pas la peine de faire un dessin ! La belle Mercedes

est en panne. Encore quelques secondes, et je vois la R16 se faufiler entre la grosse allemande et le ravin… Si elle passe, Titine doit passer aussi…

Heureusement que je suis seul… ! Je pense que si j'avais emmené mon épouse, j'aurais eu le droit à quelques hurlements de panique, (du style de ceux qu'on entend dans les films, lorsque la femme de ménage découvre son patron découpé en rondelles au milieu du salon). Il faut dire que lorsque je passe à mon tour, je ne vois plus la route, ni le bord du fossé à ma gauche, et les rétros de Titine et de la Merco manquent s'embrasser. Pourtant la 16 faisant 6 cm de plus en largeur, il me semble qu'elle passait plus facilement ? Illusion d'optique sans doute … ?

Une fois l'obstacle franchi, nous sommes de nouveau en route ! Mais cette fois, comme nous avons perdu du temps et que nous devons rattraper les autres, le rythme est plus rapide … et c'est tant mieux !
Nous parcourons ainsi quelques kilomètres avant de tomber sur le convoi qui roule au pas, puis qui s'arrête. Enfin un répit … !

J'en profite pour ouvrir le capot ! Je jette encore un œil (si ça continue, je ne vais plus en avoir !). Mes collègues, intrigués (ou habitués) par le capot ouvert, viennent aux nouvelles.

Je trifouille les fusibles... Clac ! Comment ça, clac ? Je reconnais, sans hésitation, le collage de l'électro embrayage du ventilateur ! Mince ! Si ça se trouve, le ventilateur ne fonctionne plus depuis le départ ! A moins qu'en trifouillant, je n'ai pas entendu un premier clac ! Ce qui est sûr, c'est l'absence de fiabilité des contacts de ce support de fusible.

Pour m'affranchir d'éventuels problèmes résultant de ce défaut rédhibitoire, je sors la bombe miracle, celle qui nettoie les contacts, et fusible après fusible, asperge jusqu'à noyer les connexions en cause. Si j'avais eu du papier de verre, j'en aurais passé un coup dessus, mais le coffre de Titine n'a pas encore cet article en stock. Je ferai ça plus tard.

Je remonte à la place du chauffeur, et après avoir mis le contact, vérifie que tout va bien. J'entends bien le claquement sec de l'électro embrayage, le démarrage du ventilateur de chauffage, le clic, clac du clignotant, et vois bien les voyants du tableau de bord s'allumer ! Mais cette foutue température reste désespéramment dans la zone glaçon pour apéro ... Pas le temps d'aller plus loin dans mon analyse, car le convoi redémarre après le retour de la Porsche de queue. Cette dernière était restée avec la Mercedes pour ne pas la laisser en rade. C'était un problème connu d'arrivée d'essence paraît-il ! La grosse Allemande nous rejoindra à Drom après avoir solutionné cet incident.

Vous dire par où nous passons relève de l'utopie... Non seulement je suis perturbé par mes problèmes 'indicateurtempératuresques', mais le pseudo roadbook distribué au départ, ne correspond pas du tout au trajet emprunté (je ne l'ai su qu'une fois arrivé). Je repère quand même un premier point connu : le viaduc de Size Bolozon... Comment est-on arrivé là ? Mystère et boule de gomme.

Puis nous traversons Hautecourt-Romanèche et Villereversure, pour arriver enfin à Drom, terminus de notre balade.

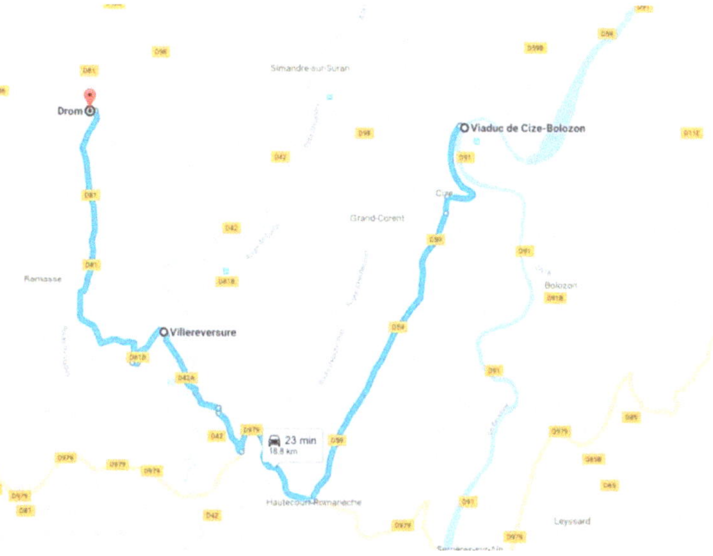

Sur place, je découvre une vaste foire, paradis pour chineurs 'automobilesques'… Après un repas convivial organisé par l'animateur local, je déambule dans les allées à la recherche d'une nouvelle sonde de température, pour le cas où mon défaut viendrait quand même d'une coupure aléatoire de celle-ci.

Mon regard se balade sur tous les étals, cherchant particulièrement cette introuvable sonde, quand mon sixième sens me dit qu'il y a quelque chose de particulier dans le bric-à-brac devant moi !

Je cherche ce qui a créé une requête d'interruption (interrupt request pour les informaticiens) dans ce qui me sert de cerveau, et mes yeux se posent sur un magnifique radiateur qui paraît neuf (au moins par sa couleur noire). Je focalise un peu plus mon regard bionique, et vois une inscription peinte dessus : 204/304 ! Incroyable… ! Je m'enquiers auprès du détenteur du stand pour en connaître le prix :

- « Je serais intéressé par le radiateur-là…» , dis-je avec courtoisie !
- « Je garde le stand d'un collègue qui est parti faire une course ! »
- « Et il le fait à combien ? »
- « Je crois qu'il le vend 80 € ! Mais revenez dans 20 minutes !»

Oups ! Mes finances vont en prendre un coup !

- « Je vous le mets de côté ? »
- « Euh…! Oui ! »

Entre-temps, je prends conseil auprès de collègues, dont le garagiste Peugeot de mon village.

- « 80 € ! C'est pas cher…» , me dit l'expert du Lion. « Dans quel état est-il ? »
- « Il parait neuf… »
- « Tu devrais le prendre… ! »

Que faire ? J'ai 3 solutions :

- la réparation par soudure, avec aucune certitude qu'un tube du faisceau ne va pas lâcher peu après.
- Celle du réparateur ! Mais à quel prix ?
- Celle de l'achat onéreux ici présent, mais que je ne retrouverai peut-être jamais !

Réfléchissement Nanar … !

- « Même si c'est une affaire, essaie de faire baisser le prix » me dit un troisième collègue.

C'est donc dans cette optique que je rejoins le stand miracle.

- « Je serais intéressé, mais pouvez-vous me le descendre à 70 » dis-je avec l'intonation du mec qui ne peut pas donner plus ?
- « Non ! Il est neuf, et je ne peux pas faire mieux… ! De plus, il est tout en cuivre, donc plus cher ! »

Il y a des moments où on voit nettement, qu'insister ne sert à rien. Je sais qu'un neuf, en plastique et aluminium, me coûterait dans les 70 € sur Internet, avec le port en plus. Un radiateur entièrement en métal me reviendrait à 250 €, sans savoir si c'est du cuivre, du laiton ou de l'aluminium... !

Vu les problèmes de chauffe que je rencontre, la solution Internet, bon marché, ne me tente pas trop. Tant pis, je prends celui qui trône devant moi ! Après avoir réglé mon dû au papi propriétaire du stand, me voilà avec mon radiateur sous le bras, en direction de Titine. Je place ce dernier dans l'espace libre qu'il me reste dans le coffre.

Je profite d'être revenu vers mon petit cabriolet pour lever de nouveau le capot, histoire de voir, dans un premier temps, si mon acquisition correspond bien au modèle monté, et dans un deuxième temps, pour faire quelques tests supplémentaires, côté problème de température.

Côté radiateur, pas de soucis, puisque celui-ci est la copie conforme de celui qui était sur Titine, avant qu'un objet contondant et non répertorié ne transforme son faisceau en charpie. *

Pour le problème de température, je décide d'enquêter en remontant la chaîne de mesure depuis sa source. En premier : la sonde !

Après avoir débranché le fil qui la relie au tableau de bord, je teste sa résistance avec l'ohmmètre que j'ai glissé dans le coffre, pour le cas tout à fait improbable, vous en conviendrez, où je rencontrerai un problème électrique… !

Je lis une valeur de 3200 ohms, ce qui me semble apparemment normal, à la vue des mesurages que j'avais réalisés à la maison, vendredi. Le problème ne vient donc pas de là.

Je suis les fils, et trouve un connecteur au niveau de l'aile gauche. En débranchant celui-ci, les contacts ne me semblent pas très catholiques (ni d'une autre religion d'ailleurs). Un petit raclage de l'oxyde avec un mini tournevis, plus un bon coup de bombe à jaja dedans, et je rebranche le tout. Je mets le contact et regarde l'aiguille de température… La bête ne reprend pas vie.

Même si Titine a eu le temps de refroidir, cette maudite aiguille devrait légèrement bouger ? Mais là, rien ! Nib ! Que tchi ! Que dalle ! Pas l'ombre d'une once de vie !

*Voir tome 1—36) Nouvelles galères

Je tente de mesurer la tension arrivant sur le connecteur précédemment cité, sans le débrancher. Mon voltmètre indique 0 volt, ce qui signifie que le problème vient de plus haut dans la hiérarchie.

Au sommet de la pyramide, se trouve l'indicateur du tableau de bord, alimenté par le même '+ 12v' que le reste du tableau de bord. Je récupère le guide pratique qui se trouve dans le coffre, et consulte le schéma.

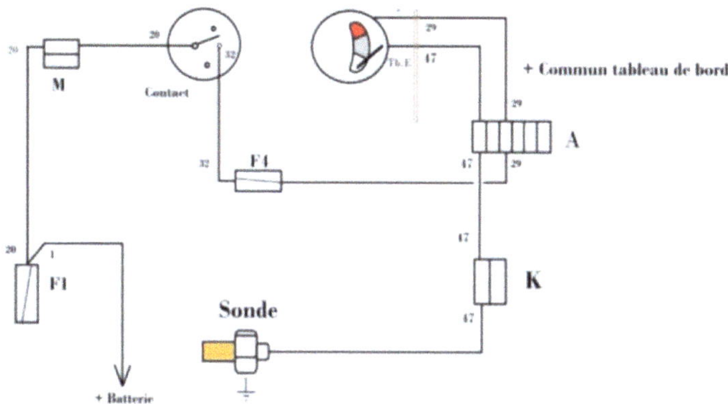

Après analyse :

- Le problème ne peut plus venir du fusible F4, puisque le reste du tableau de bord fonctionne correctement.

- Il ne peut pas venir de la sonde, car celle-ci a l'air de se comporter normalement.

- Il pourrait provenir d'un mauvais contact du connecteur K (celui sur lequel je viens d'intervenir), mais je n'y crois pas.

Il me reste :

- le connecteur A, dont je ne connais pas la planque,
- le connecteur du circuit imprimé du tableau de bord, qui est sans doute inaccessible,
- l'indicateur par lui-même, ce qui me ferait bien ch… !

J'en suis là dans mes réflexions, quand je vois rappliquer mes collègues.

- « On repart », dit notre président à la volée.

Nous ne sommes plus que 5 à reprendre la route de Varambon. Évidemment, rien n'a évolué favorablement au niveau de mon problème, mais comme nous rentrons à bonne allure, plus d'inquiétude.

En roulant, j'essaie quand même quelques petites claques techniques sur la glace du compteur, mais même cette méthode, qui a fait ses preuves chez des centaines de techniciens confirmés, reste totalement inefficace dans le cas présent.

Revenus à notre point de départ, nous nous tapons quelques croissants, arrosés avec des restes de boissons, reliquat du matin. Cependant, je ne résiste pas à l'envie de jeter un nouveau coup d'œil sur ce foutu circuit électrique.

Je débranche de nouveau la sonde, et mesure sa résistance : 230 Ohms ! Ça, c'est bien, car le moteur est chaud, et la valeur trouvée correspond à quelque chose de réaliste. Donc, pas de problème côté sonde.

Avant de la rebrancher, et après avoir mis le contact, je mesure la tension sur le fil : 5,6 volts ! Çà, ça veut rien dire... Je devrais, soit trouver 12 volts, si la liaison est correcte et que l'indicateur est OK, soit 0 volt, si le circuit est coupé ou que l'indicateur est mort ! Seule cause possible : un méga faux contact en amont du connecteur K. Difficile à imaginer sur un circuit électrique de cette qualité... !

Ne sachant pas où chercher, je passe une de mes pattes de devant entre la colonne de direction, la planche de bord, et quelque chose qui m'arrache des morceaux de mon épiderme, tout ça couché sur le dos, avec le levier de vitesse qui me masse doucement les 10 premières vertèbres et quelques côtes. J'ai laissé le contact... Malgré une position indigne de mon grand âge, tout en palpant quelques câbles, je vois, oh surprise, l'aiguille de température rejoindre une position naturelle, puis retomber aussitôt dans la zone glaçon. Encore une petite touchette et hop, voilà mon aiguille qui remonte ! Eurêka ! Je viens de localiser la zone de mes emm...des !

C'est donc sur cette bonne nouvelle, que je quitte notre lieu de rassemblement pour retourner à la maison. Il ne me reste plus qu'à passer l'outil du proctologue, pour voir ce qui se passe là-dessous ! Mais ça, c'est une autre histoire... Encore une belle journée passée ! Que du bonheur...

69) REMPLACEMENT DU RADIATEUR ... MAIS PAS QUE !

Dimanche 14 mai 2017 : Cela fait quelques jours que je passe devant Titine avec l'envie folle de bricoler dessus. J'ai plusieurs projets de rénovation en cours, mais le temps me manque. Il me faudrait des journées de 27 heures, et des semaines de 10 jours, pour espérer voir baisser mon carnet de tâches à exécuter en urgence. Mais aujourd'hui, la frustration est telle, que je fais fis de toutes autres occupations. J'ai bien le droit à un peu de bon temps quand même... ?

Comme tâche urgente, j'ai celle qui consiste à remplacer le radiateur fuitard, par celui acheté lors de la journée Nationale des Véhicules d'Époque à DROM. C'est un investissement qui dort, depuis cette journée, dans le coffre de Titine, et comme tout ce qui dort dans un coffre ne rapporte rien, autant le mettre en place. Cela m'évitera de le remplacer dans l'urgence, ou d'être obligé de faire une sortie, avec la peur de voir le sympathique liquide verdâtre se répartir sur le macadam au fil des kilomètres. J'ai suffisamment pollué la planète avec mes fuites successives !

Me voilà donc prêt à intervenir. Première chose à faire, enlever la calandre, car impossible d'atteindre le robinet de vidange avec ce bout de plastique en place.

À propos de calandre, je ne vous ai pas dit ? J'ai réussi à en dénicher une qui correspond à celle d'origine de mon petit cabriolet blanc, à savoir, une calandre noire avec un lion Peugeot doré. Un vrai miracle ! Il faut que je vous raconte avant de continuer sur le radiateur...

Le 10 février 2017, je reçois un message d'une personne qui, en faisant des recherches sur le Net, a trouvé mon contact. Dans quel forum ou sur quel site...? Je n'en sais rien ! Il faut dire que j'ai tellement jeté de bouteilles à la mer pour trouver des pièces, que la toile doit être saturée de mes demandes, au point de ressembler au sixième continent.

Coup de bol pour le naufragé que je suis, cette brave dame est tombée sur une de ces bouteilles, et elle a eu la bonne idée de me contacter.

Après quelques échanges, elle m'envoie un certain nombre de photos sur des pièces détachées de 304S. Celles-ci ont été récupérées sur leur voiture accidentée et encombrent leur local depuis deux ans.

Je passe donc en revue ses photos, quand mon regard éberlué tombe sur un objet que je recherche depuis que j'ai Titine...,

...la calandre ! Pas de celles que je visualise depuis 5 ans. Non ! Celle-ci correspond précisément au fruit de mes recherches quinquennales. Une calandre noire avec le lion doré !

Par courriel, je prends contact immédiatement avec cette personne pour l'informer que quelques pièces m'intéressent, et lui demande combien elle en veut. J'attends... !

Malgré une scrutation méthodique de ma boîte mail tous les jours... rien... ! Je pense donc que St Nanar, garant de ma chance, est en train de pioncer, et que cette occase m'est encore passée sous le nez.

Une semaine plus tard, je reçois un nouveau message de la dame qui me demande de patienter, celle-ci ayant des urgences à traiter en priorité. Ouf... La bête convoitée est toujours disponible.

Nous sommes le 31 mars, et je reçois un mail me demandant de choisir les pièces que je souhaite récupérer, et d'en fixer le prix. Je vois :

- un démarreur (Le mien étant très capricieux en ce moment, son remplacement est envisagé.),
- une bobine d'allumage,
- un ventilateur,
- la calandre.

Je propose donc une somme faisant le compromis entre mes finances qui frôle le zéro absolu, et le prix, parfois exorbitant, de ce type de calandre que certains osent laisser sur la toile. À savoir qu'en plus de la somme astronomique, cet objet est classé indisponible. Pourquoi afficher un produit indispo?

Voulant rester honnête, et compte-tenu de la rareté de l'objet, je ne peux lui proposer un prix trop bas. Pour compenser cette perte financière, je ne mangerai plus mon rocher au chocolat quotidien pendant un an... Na !

Dimanche 30 avril : nous arrivons enfin à mettre une stratégie en place pour récupérer les dîtes pièces et effectuer le règlement.

Dimanche 7 mai : ma belle-fille, qui habite Montpellier, donc pas très loin de la propriétaire du trésor, profite d'une remontée chez nous pour me ramener les pièces tant attendues. Ce sont toujours des frais de transport en moins.

Elle n'est pas trop mal (la calandre, pas ma belle-fille ... ! Encore que !), et je pense que Titine sera 'plus mieux très belle' avec ce nouvel avant, conforme à ses origines.

J'observe ce rare bout de plastique, et constate, sans surprise, quelques petits dégâts au niveau des fixations et de certaines lames. Ceux-ci sont sans doute dus à l'accident, ou à quelques garagistes maladroits. En effet, ces derniers ignorent, la plupart du temps, que toute intervention sous le capot nécessite une ablation de la calandre, sous peine d'entraîner des fractures multiples (de la calandre...pas du garagiste !).

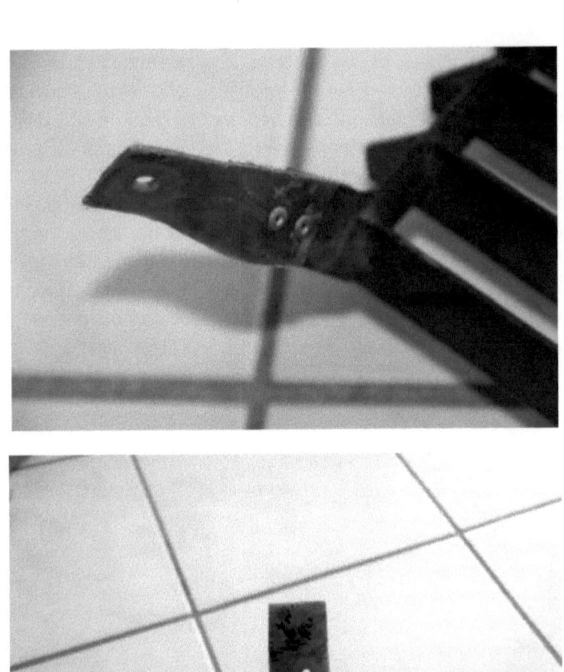

Il va donc falloir réparer tout ça.

Dans un premier temps, je décide de refaire les pattes à partir de plastique thermoformé. Vous connaissez sans doute ? Il s'agit de granules de PVC que vous plongez quelques secondes dans de l'eau chaude (supérieur à 60 degrés), et que, dès qu'ils sont amalgamés, vous les retirez pour les modeler entre vos doigts... en s'ébouillantant au passage. Une fois froid, vous pouvez limer, percer, ou poncer cet amalgame, pour former votre pièce. Si celle-ci est ratée, il suffit de replonger le tout, et de se rebrûler les doigts pour recommencer l'opération. C'est très pratique...

Mais là, impossible de retrouver mes granules. Je décide donc d'aller me ravitailler chez les grandes surfaces du coin, spécialistes de la bricole.

Loi de Murphy oblige, aucune ne fait ce genre de produit. Petit tour chez mon ami Google... ! Mince ! Ça ne doit pas courir les rues, car je ne trouve qu'un ou deux sites qui le propose, et encore, à des prix frôlant l'indécence, ou en très petites quantités. Pourtant, j'en ai acheté sans problème à une époque ? Quelle poisse !

Bon ! Je me rabats sur un de ces sites qui le propose en sachet de 100 g pour une vingtaine d'Euros, et je passe la commande.

En attendant, je fais quelques réparations de fortune pour pouvoir monter ma belle calandre sur Titine. Quelques coups de colle super forte (censée coller même des objets lourds en 24 heures) pour les lamelles cassées, et une belle patte en zinc, fabrication maison, pour la fixation qui manque.

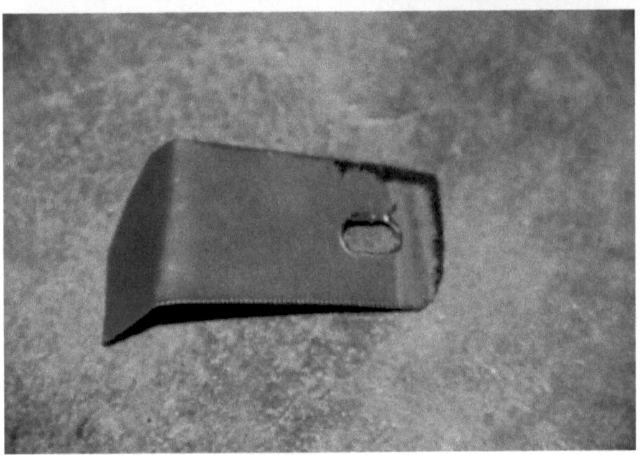

Il ne me reste plus qu'à visser cette dernière sur le moignon de patte qui reste, n'osant pas lui infliger la contrainte du rivet Pop. Cette contrainte risquerait de se transformer en complainte pour la patte trépassée.

Je fouille donc dans ma réserve à glutes, pour trouver deux vis de 3 et deux écrous compatibles.

Fouiller dans ma réserve revient à renverser le contenu de la boîte sur le sol pour y voir plus clair.

Après un quart d'heure de recherche intensive, je trouve deux vis, et deux semblants d'écrous qui veulent bien s'adapter. Il ne me reste plus qu'à remettre tout ce qui traîne sur le sol dans la boîte, jusqu'à la prochaine fouille.

Quant aux deux autres pattes de fixation, elles avaient déjà été remplacées par des lamelles rouges en plastique souple, rivetées sur les morceaux restants.

La photo montre ce qui sert de patte centrale.

Un petit coup de cisaille à tôle pour mettre en forme ce morceau de plastique informe, et le résultat me paraît à peu-près esthétique.

Je préfère ne pas tenter de retirer les rivets pour remplacer cette matière disgracieuse par un zinc beaucoup plus noble. Je ne sais pas si vous avez tenté de faire saute à la perceuse, des rivets fixant du plastique, mais de mon côté, ça s'est souvent transformé en cata. En général, le plastique fond lorsque le rivet tourne sous l'action agressive du forêt. Je me contente donc de cette réparation de fortune pas trop mal faite. De plus, elle me semble plus robuste que les patounettes d'origines.

Pour tenir les lamelles encollées pendant que kicoltout tente de sécher, j'utilise la méthode du serre-joint 'Made in Nanard'. Je me sers de bouts de fils électriques que je torsade jusqu'à ce que la pression soit suffisante, sans atteindre le point où le 'crac' fatidique se fait entendre.

-       « Pourquoi du fil électrique et non pas du fil de fer », me direz-vous ? Pour deux raisons simples :

-       Le fil électrique est plus souple, et j'en ai en grande quantité.

-       Du fil de fer de petit diamètre et suffisamment malléable, 'j'en n'ai pas'…

Un petit coup de peinture noire juste sur les fixations, et la belle calandre paraît comme neuve (de loin...).

Il ne reste plus qu'à attendre 24 heures, en la calant dans un coin de mon sous-sol, pour que tout seiche comme il faut, et pour éviter que les chats ne viennent jouer avec ou dormir dessus.

Je les connais mes matous ! Ils adorent dormir ou se frotter sur ce qui est nouveau dans leur domaine, et si la plus grosse des bestioles, qui fait près de

huit kilos, décide de se servir de mon bout de plastique comme litière, je ne vous parle pas des dégâts...

Revenons au radiateur ! Le robinet de vidange de celui-ci étant devenu accessible, je place mon bidon 'made in Nanard' dessous Titine, ouvre le bouchon du dit radiateur, et laisse couler le liquide verdâtre.

Ce dernier est comme neuf et pour cause… Vu le peu de kilomètres parcourus, et compte-tenu de la fréquence de remplissage du circuit pour compenser les nombreuses fuites, il n'a pas eu le temps de vieillir le pauvre ! Cette fois, j'espère que ce sera la dernière vidange avant longtemps.

Une fois le radiateur vide, j'entame le démontage de celui-ci. Il ne tient que par une vis en haut, et deux en bas, le tout très accessible pour une fois.

Je passe ensuite à l'opération délicate du débranchement des durites. Pour celle du haut, l'accès est aisé… quand la patte fixant le radiateur est enlevée. Par contre, le retrait de celle du bas reste toujours sportif. Il faut passer la main et le bras entre le radiateur et le bloc-moteur, tout en tenant une clef de 7 pour dévisser le collier de serrage. J'ai beau avoir le bras long (juste pour le bricolage) et les doigts fins (c'est Madame qui le dit !), j'y laisse chaque fois des morceaux de mon épiderme. Il y a tellement de mes cellules épithéliales dans ce coin de Titine, qu'elles pourraient servir de preuve ADN en cas de vol de mon petit destrier.

J'arrive donc à desserrer ce foutu collier, non sans avoir pu éviter de passer mon bras à la râpe à fromage. Je vois déjà des esprits critiques me parler du bleu de travail à manche longue, indispensable pour la sécurité du mécanicien ! Et ben dans ce cas, l'utilisation du dit vêtement aurait pour conséquence de détruire quelques ailettes, par l'accrochage de fibres textiles dans le fragile édifice que représente la délicate structure réfrigérante. De plus, l'épaisseur supplémentaire, générée par ces manches, empêcherait de descendre le bras jusqu'au lieu de l'opération. Pas ma faute si l'insigne du lion à prévu de faire faire cette intervention par l'E.T. de Roswell.

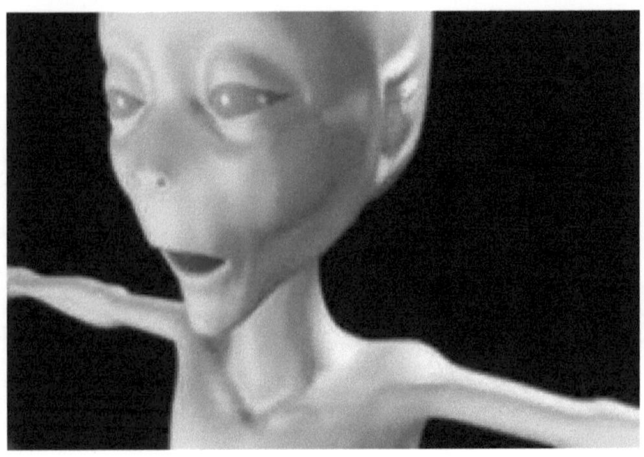

Bon ! J'arrive tant bien que mal à retirer le collier, et par contorsion de la durite, à dégager celle-ci de l'orifice inférieur du radiateur.

Après extraction de ce dernier, j'envisage de remplacer le ventilateur. Celui-ci avait pris un gnon lors de l'incident survenu pendant le tour cycliste de Neuville-sur-Ain. Souvenez-vous ! C'est le coup où un objet contondant, et toujours non identifié, avait transformé le bas du radiateur en morceau de cuivre informe, crevant au passage quelques faisceaux, et enlevant un morceau d'une pale du ventilo.

Comme j'ai celui faisant partie du lot acheté avec la calandre, je vais pouvoir le remplacer. En regardant bien le nouveau, je m'aperçois que lui aussi à subit quelques sévices ! Remplacer un cheval borgne par un aveugle ne me tente pas trop ! C'est là que le petit dernier, de ma chère et tendre, me fait remarquer que l'objet en question semble plus petit en diamètre que celui sur Titine… !

-	« Ah bon… ? »

Mais il a raison le bougre ! En les plaçant l'un à côté de l'autre, cette différence est flagrante.

D'ailleurs, il n'y a pas que ça comme différence. L'un a le bout des pales arrondi, alors que l'autre l'a carré. Pas glop tout ça… ! Bon ! Tant pis… ! Je laisse l'ancien en place. Plus grand veut dire plus d'air brassé, et de l'air, le petit 1300 en a besoin. Le nouveau ventilo me servira toujours de rechange, pour le cas où un autre ventilateurivore vienne finir le travail sur l'ancien.

Je peux donc remonter le nouveau radiateur. Mais avant ça, il faut récupérer quelques éléments sur celui qui était en place, à savoir, le thermo contact, et le bout de tuyau servant à guider le liquide vers le sol quand le bouchon du radiateur joue son rôle de soupape, ce qui ne m'est jamais arrivé… (Je pouffe !).

Pour le thermo-contact, un petit coup de clef de 30, et le tour est joué.

Il me reste à remplacer le joint… Euh ! J'ai beau fouiller dans ma réserve, je n'en trouve qu'en fibre spéciale plomberie. Nous sommes dimanche et toutes les boutiques sont fermées ! Trois possibilités s'offrent à moi :

-	Remplacer le joint cuivre par un 'joint fibre'… mais ça ne se fait pas en mécanique. Ce ne sont pas les mêmes contraintes qu'en plomberie.

-	Remettre l'ancien joint … Mais je m'étais juré de ne plus le faire !

-	Attendre demain que les boutiques soient ouvertes…

Je ferai Trois Pater et deux Ave pour me faire pardonner, car je choisis… la deuxième solution. « Je sais, je sais ! Aiii ! Pas sur la tête ! Je promets de le remplacer s'il y a le moindre soupçon de fuite ».

Je replace donc mon thermo-contact en le serrant d'abord à la main. Zut ! Il a du mal à se visser… ! En regardant les filets côté radiateur, je m'aperçois que ceux-ci présentent une certaine irrégularité. Il ne manquerait plus que ce filetage soit naze, ce qui reviendrait à devoir passer un coup de taraud. N'ayant pas l'outil nécessaire pour cette opération, j'insiste quand même, et finis par visser ma pièce de deux ou trois tours à la main. Je termine le serrage à la clef, efficacement, mais modérément, pour ne pas bousiller le filetage, tout en assurant une étanchéité au joint. Il me reste à remettre mon petit tuyau.

Comme sur le nouveau radiateur, il manque les petits clips qui le maintiennent, je les récupère sur l'ancien. Pas de problème avec une bonne multiprise.

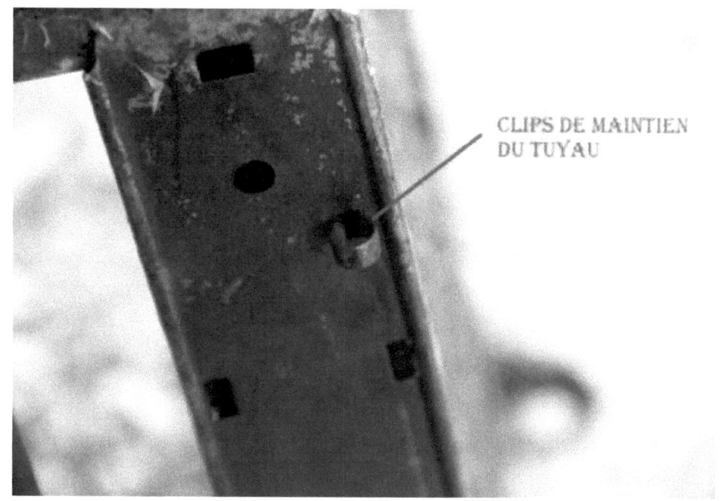

Pour emboîter mon bout de tube PVC sur le nouveau radiateur, je suis obligé d'enlever un restant de tuyau complétement cuit, et peint avec le radiateur. Ce détail me laisse perplexe ! Cela tenterait-il à prouver que ce dernier n'est pas neuf mais refait ? Me serai-je fait avoir ? Je ne pense pas... ! Le vendeur m'a affirmé qu'il a été éprouvé en pression.

J'enfile ensuite, sur le nouveau radiateur, le tuyau récupéré sur l'ancien, après avoir replacé les petits clips.

Il ne me reste plus qu'à remonter l'ensemble sur Titine.

Je repasse par la phase S.M. (Sadomasochisme) pour rebrancher et serrer la durite inférieure, et voilà mon petit cabriolet avec un radiateur tout neuf (ou presque ?), comme quand mon grand me l'avait rendu après la casse moteur. Je reverse ensuite le liquide verdâtre, que j'avais récupéré, dans l'orifice adéquat…

... et m'assure qu'il n'y a pas de fuite, ce qui semble être le cas.

Je replace ensuite le bouchon. Ce dernier force un peu, mais l'essentiel est que le joint soit étanche, et que le ressort taré joue bien son rôle de soupape pour éviter la surpression (ce qui n'arrive jamais... Je repouffe).

Avant tout essais à chaud, ne pas oublier de rebrancher les deux fils du thermo-contact...

Bon ! Je suis arrivé à la phase cruciale, celle de l'essai à chaud. Un petit tour de clef de contact, et le petit 1300 démarre au quart de tour. J'attends un peu, puis repousse le starter. Tout est OK, et pas de fuite au niveau des durites, pas plus qu'au niveau du joint du thermo-contact. Juste une trace sur le dessus du radiateur que j'efface d'un coup de chiffon. C'est sans doute un peu de liquide qui a dû passer à côté de l'entonnoir au moment du remplissage.

La température monte doucement. Jusque-là, rien d'anormal. J'essuie un peu de liquide sur le dessus du radiateur …! Tiens ! Il me semble que j'ai déjà fait ça. Bon ! En observant bien, je ne vois pas d'autres gouttes se reconstituer à cet endroit.

J'attends que le ventilateur s'enclenche, ce qu'il fait alors que l'aiguille de température n'est qu'à mi- pente. Il vaut mieux qu'il s'enclenche trop tôt que trop tard. Encore un petit tour sous le capot ! Tout va bien ! J'essuie une petite goutte sur le dessus du radiateur… !

L'ai-je déjà fait ? Ma mémoire serait-elle aussi fiable que celle du poisson rouge qui a chaque tour de bocal se dit :

-       « tiens, un nouveau canapé ! Tiens, un nouveau canapé, Tiens….» ? Non ? Je me pose donc la question :

-       « Serait-ce une fuite … ? ».

Si c'est le cas, quelle poisse ! Je verrai à l'usage, mais en attendant, il va quand même falloir réparer, ou faire réparer rapidement l'autre. Je dois anticiper un échange du radiateur, pour le cas où cette fuite s'avérerait réelle.

Si je retrouve le Papy qui m'a vendu ce foutu radiateur… Grrrrrr ! Encore des frais en perspective… Comme je dois amener Titine au contrôle technique (Et oui ! Déjà… !), je verrai le reste plus tard.

Et oui ! Déjà 2 ans que Titine a eu sa dernière visite médicale. J'en vois qui s'étonne !

-        « Pourquoi tous les deux ans pour une mamie qui a 44 ans cette année ? »

-        « Ben tout simplement parce que quand je l'ai acquise, je l'ai immatriculée en préfecture sous carte grise normale et non sous C.G. de collection ! »

-        « Mais c'est stupide » me direz-vous !

Et moi de vous répondre :

-        « Vous avez sûrement raison ! Mais jusqu'à présent, je ne voyais pas l'intérêt de cette carte vermeille pour tas de ferraille encore roulant !»

Je prépare donc Titine, pour cet examen régulier et onéreux (non remboursé par la sécu), avec une petite appréhension. Même si je sais qu'elle est en bon état, vue côté propriétaire et chauffeur (si si ! Je vous jure !), l'administration fiscale et les marchants de voitures neuves font tout pour que ces visites transforment nos mamies en futurs robots cuiseurs, après passage dans la marmite du diable des fonderies de l'Europe de l'Est, ou pire, de Chine.

Je connais ses défauts, et je sais qu'elle n'est pas comme une voiture neuve. Mais normalement, comme je roule depuis pas mal de temps avec, tout devrait être OK. Juste deux petits points me turlupinent un peu :

- Le phare avant gauche, qui tient parce que c'est la mode, et par un bricolage digne d'un Mac Giver à court d'idée après une nuit de beuverie.

- le soufflet de cardan qui fuit par un trou d'épingle.

Pour ce dernier, j'ai passé une commande chez Monsieur Internet, mais je n'ai encore rien reçu. Côté phare, je décide de revoir ce dernier avant de prendre rendez-vous.

Pour éviter qu'il ne se déboîte en roulant, j'avais trouvé une petite astuce totalement 'amécanique' (le contraire de mécanique) qui a quand même fait ses preuves, puisque le phare est toujours en place après quelques milliers de kilomètres. J'avais coincé deux petits morceaux de bois entre les crochets pour les plaquer en bonne position. Je sais ! C'est tordu, et digne d'un mécano amateur des pays de l'est (Il faut voir ce qui roule en Roumanie...).

Mais parfois, quand on n'a pas d'autre solution sous la main, on fait avec les moyens du bord.

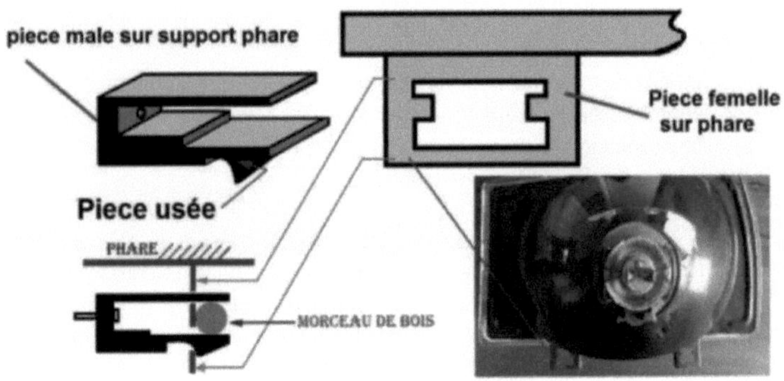

Le problème, c'est que passer Titine au CT avec un tel bricolage, ça ne fait pas très sérieux. Je décide donc de tenter une réparation un peu plus sioux et plus durable.

Première solution : changer le support du phare. Sur une voiture récente, mis à part le coût carrément prohibitif d'une telle opération, plus le fait qu'il faille retirer tout l'avant du véhicule, ce remplacement ne pose pas trop de problème, puisque ce sont des pièces trouvables chez les concessionnaires, sur Internet, ou à la casse. Mais pour les mamies, c'est autre chose !

Je trouve bien des photos de ces supports, mais plus personne n'en a en stock ! J'en trouve pour 204, mais pas pour 304. Les seuls que je vois sur eBay n'ont pas la partie qui m'intéresse, c'est-à-dire les pattes de réglage où le phare vient se clipser dessus ! Comme mon problème vient de là... ! Je dois donc envisager une deuxième solution : trafiquer la pièce pour qu'elle retrouve sa fonction première.

Je procède donc au démontage de celle-ci, et essaie tant bien que mal, de lui redonner une forme à coup de lime triangulaire.

Au bout d'un certain temps, j'arrive à un résultat qui me paraît correcte, sans pour autant être persuadé que cela soit suffisant pour résister aux paluches du contrôleur technique, surtout si celui-ci prend l'idée saugrenue de vouloir régler la position de l'élément d'éclairage avant gauche.

Il me reste encore le soufflet de cardan à revoir ! Ce remplacement me semble assez chronophage, et je n'ai toujours pas reçu la pièce neuve. Comme la date limite du CT est dépassée depuis près d'un mois, je donne un petit coup de téléphone au contrôleur pour lui demander un délai supplémentaire.

-       « Ce n'est pas grave », me dit le brave homme. « Un soufflet qui fuit n'est pas soumis à contre-visite ! Ce sera juste inscrit sur le procès- verbal... » !

Super ! Sur ce, je prends rendez-vous. Il me propose le mercredi 17 mai 2017 à 8h30 ! C'est tôt… Tant pis ! Cela évitera de m'interrompre dans mes travaux de jardinage.

Seulement voilà ! Le mardi 16 mai, la veille donc, je reçois un appel de France 2 nous invitant, ma chère épouse et moi-même, à nous déplacer sur Paris pour l'enregistrement d'une émission de télévision, justement le mercredi 17 mai.

Oups ! Je téléphone illico pour décommander le rendez-vous du Contrôle Technique.

- « Ce n'est pas grave », me redit le brave homme ! « Vous n'avez qu'à me déposer la voiture ce soir, elle sera à l'abri et fermée pour la nuit, et vous la récupérerez demain » !

- « Oui, mais demain, je rentrerai trop tard » !

- « Et bien, vous la récupérerez jeudi » !

17h30 : Aussitôt dit aussitôt fait ! Je me change en vitesse, et dépose Titine chez le contrôleur, en m'arrangeant pour que le cadet de la famille me ramène à la maison avec sa 106. D'habitude, j'aime bien constater de visu ce que les mécanos ou autres repèrent sur mes autos, mais là, je vais devoir lui faire confiance.

Jeudi 18 mai à 9h30 : Ma chère et tendre me dépose à Pont d'Ain pour récupérer mon petit cabriolet. C'est le collègue de celui que j'ai l'habitude d'avoir qui m'accueille.

- « Elle est pas passée » me dit l'homme en bleu de travail … !

Mon sang ne fait qu'un tour.

- « Comment ça, elle est pas passée » ?

Mon pauvre cœur commence à battre la chamade… Je demande fébrilement :

- « Qu'est-ce qu'elle a ? »

- « Quelques défauts, non soumis à contre-visite, et un qui y est soumis »

Bon ! Il n'y a déjà pas une liste à la Prévert de réparations. Il me lit le PV en m'énumérant une série de défauts que je connais bien, et qu'il classe comme non rédhibitoires :

- Corrosion perforante sur le plancher,

- fuite d'huile au niveau du cache culbuteur,

- un soufflet de cardan percé

- un cabochon de veilleuse clignotant légèrement fêlé à l'avant.

Il finit ensuite par « the » défaut :

- « Le phare gauche éclaire trop haut, et en plus, il ne tient pas.»

Ouf ! Je m'attendais à pire.

- « Je m'en doutais » dis-je plus décontracté !

- « Vous avez quinze jours pour la représenter gratuitement ! Après, il faudra repayer »

- « Bon, je vais arranger çà »
- « Faîte attention, car la prochaine fois, elle passera plus à cause de la corrosion perforante du plancher ! »
- « ??????? »

Alors ça, c'est le coup de grâce ! Je sens mes jambes se dérober et je m'accroche au guichet.

- « comment ça ? »
- « Le Parlement européen a voté une loi applicable au 1 mai 2018 stipulant que tout véhicule, présentant de la corrosion perforante, sera systématiquement refusé. »
- « Mais si je la répare ? »
- « Le texte précise que les réparations devront être complètes, et réalisées par un professionnel... ! Pas de rafistolage, ni de tôle de remplacement... !»
- « Mais c'est idiot... ! »
- « C'est comme ça... ! »

Alors là, c'est pas glop du tout ! Je sens monter en moi une colère que seul le massacre de quelques députés européens pourrait apaiser. Mais qu'est-ce que ces cravatés, pleins aux as, ont inventé pour faire ch.... les collectionneurs et les amoureux de vieilles caisses ? Envisager que Titine finisse en robot-cuiseur, comme cité plus haut, me donne envie de restituer mon petit-déjeuner à dame nature, ou sur le comptoir de celui qui se trouve en face de moi et qui ne trouve pas ça extravagant.

- « Mais pour les anciennes ? »
- « Il y aura peut-être une dérogation... ! » Dit l'homme qui reste de marbre devant mon désarroi !
- « J'espère, car sinon, c'est notre patrimoine qui va disparaître... ! »
- « Sans doute... ! La vôtre est en carte grise normale ? »
- « Ben oui », dis-je en entrevoyant une solution de repli ... !
- « Elle sera considérée comme les autres véhicules en Carte Grise normale... » !
- « Et si je la passe en collection » ?
- « ça sera peut-être différent » !
- « Mais pas sûr... » ?
- « Le texte n'est pas très clair sur le sujet, mais je pense qu'il y aura une dérogation... ! »
- « Mais dans quel but cette mesure ? »
- « Pour faire disparaître les voitures trop vieilles, et relancer sans doute la vente de voitures neuves... ! »

Alors là ! Cette fois, c'est trop... ! Comme si j'allais acheter une voiture neuve à la place de Titine ! Mais c'est n'importe quoi... ! Grrrrrrr, Grrrrrrr et re Grrrrrrr !

Après avoir récupéré mes clefs, ma carte-grise, et avoir vieilli de 10 ans d'un seul coup, je me dirige d'un pas lourd vers mon pauvre petit cabriolet qui a l'air de me sourire avec sa calandre au lion doré, sans savoir ce que lui réserve des politicards totalement dénués de sentiments. Je jette un œil machinal au phare incriminé, et constate qu'il tient avec du scotch… C'est quoi ce bin's ?

J'ouvre le capot, et m'aperçois qu'il manque le petit ressort servant à fixer l'élément d'éclairage à sa partie supérieure. C'est en montant dans l'habitacle que je retrouve cet accessoire sur le siège. Bon ! Je retire le scotch, et remets ce dernier en place. Évidemment, le phare en question ne tient que parce que c'est la mode, mais je devrais pouvoir revenir à la maison sans problème, n'ayant que 5,7 kilomètres à faire.

Je reprends la route, mes pauvres neurones complétement agités par une colère qui ne veut pas retomber, agrémenter par un abattement sans nom, comme le mec qui vient d'apprendre que sa femme l'a quitté, que sa voiture vient d'être volée, et que l'administration fiscale lui envoie les huissiers pour tout lui saisir. Je reste cependant vigilant en arrivant dans Varambon, et je ralentis à l'extrême sur les gendarmes couchés pour ne pas voir mon phare prendre la poudre d'escampette. Je ne tiens pas à le retrouver pendu après son câble électrique, tel l'alpiniste qui vient de dévisser, ou pire, entendre le bruit sinistre du verre qui se brise sur le macadam si ce harnais de sécurité ne résiste pas au poids du dit phare, sachant qu'il n'est pas prévu pour ça !

J'arrive enfin à la maison et fais part de ces dernières infos à ma douce épouse. C'est un peu comme si j'avais lâché un Pitt bull enragé et affamé en direction des cols blancs siégeant au Parlement européen. Cette décision lui fait monter la bouffaïsse, comme dirait un Niçois. Je ne retranscris pas sur le papier tous les noms d'oiseaux dont elle les a affublés, car je risque de heurter la sensibilité des plus jeunes. Sur ce, elle me demande :

-        « Qu'est-ce que tu vas faire ? »
-        « D'abord, réparer Titine… Ensuite, je verrai pour la passer en Carte Grise de collection. »
-        « Et la mienne… ? »

C'est vrai que je lui ai acheté la petite-nièce de Titine, une 205 CJ de 1993, petit cabriolet qu'elle n'a toujours pas essayé. Il n'est pas en mauvais état, mais présente aussi quelques traces de corrosion perforante au niveau des passages de roues arrière. Deuxième coup de massue derrière les oreilles… Je n'avais pas pensé à celui-ci ! Ça, c'est la tuile !

-        « La tienne ne risque rien ! » lui dis-je pour la rassurer, tout en sachant qu'il faudra faire un max d'arrangement pour le prochain CT de cet autre cabriolet blanc … !

En attendant, il faut penser à la contre-visite, et pour ça, trouver rapidement une solution efficace. J'envisage deux pistes :

-        Trouver un support de phare en bon état et pas trop cher.
-        Modifier la pièce défectueuse et inopérante.

Il se trouve que je viens de recevoir mes petites granules de plastique pour thermoformage.

Je vais donc essayer de faire un moulage permettant d'augmenter la surface d'accroche du crochet usée.

En attendant, je commande un nouveau cabochon pour la veilleuse/clignotant avant. C'est en consultant Internet qu'une pensée furtive me traverse l'esprit. Comme une image subliminale, un détail me revient. J'ai vu une photo de support de phare, il y a peu de temps, au milieu d'autres pièces détachées ! Mais où… ?

Du fin fond de ma mémoire, cette photo réapparaît comme par enchantement ! C'est sur une des pièces jointes du mail que m'avait fait parvenir la Dame à la calandre.

Vite ! Un petit contrôle, et là… ! Eurêka ! Il y a bien, non pas un, mais deux supports de phare. En grossissant l'image, je m'aperçois que les pièces qui m'intéressent sont en bon état sur le support gauche, mais que l'une d'entre elle est cassée sur le droit. Qu'importe, puisque c'est le gauche qui décoconne.

J'envoie immédiatement un mail à cette brave personne, pour connaître le montant de la facture, mais surtout pour savoir si elle les a toujours.

Samedi 20 mai : Je viens de recevoir le cabochon du clignotant. Même pas 24 heures après la commande… ! Un bon point pour ce site. La détentrice de mon support de phare vient aussi de me répondre. Tout va bien aussi de ce côté. Vu mes finances, je propose de ne lui acheter que le support gauche, avec photo à l'appui pour qu'il n'y ait pas d'erreur.

En attendant, j'essaie ma méthode de réparation à base de granules de plastique pour moulage. Je démonte donc le bitonio, pour être plus à l'aise pour bosser.

Je place ensuite mes granules dans une casserole de la cuisine, après avoir porté l'eau à ébullition.

Une fois amalgamés, je sors la masse gélatineuse et brûlante de l'eau, et n'en prends qu'une partie pour la modeler autour de ma pièce de support.

J'essaie de la modeler jusqu'à ce que le plastique soit froid…

Bon ! Mauvaise méthode, car le plastique de moulage, une fois froid, celui-ci n'adhère pas du tout à la pièce en dessous. J'essaie tant bien que mal de la remodeler pour faire une gangue, qui à défaut d'adhérer, serait maintenue par sa forme. Mais là aussi, problème… Soit la pièce est trop grosse, et ne rentre plus dans la partie femelle du phare, soit elle rentre, mais le plastique devient trop fin et trop friable. Il ne me reste plus qu'à attendre le nouveau support, en espérant que les clips de fixation ne soient pas aussi usés que ceux de Titine.

En attendant le support de phare, je décide de changer le cabochon du clignotant. Sur celui que je viens de recevoir, il manque un peu du chromage, mais ça ne se voit pas trop.

Si j'ai le temps un jour (vers 2085), j'y repasserai un coup de bombe de couleur chrome.

En démontant l'ancien, je constate une fois de plus que la manip ne va pas se faire en 5 minutes. En effet, si le cache est fêlé, le plastique du clignotant, lui, est carrément cassé…

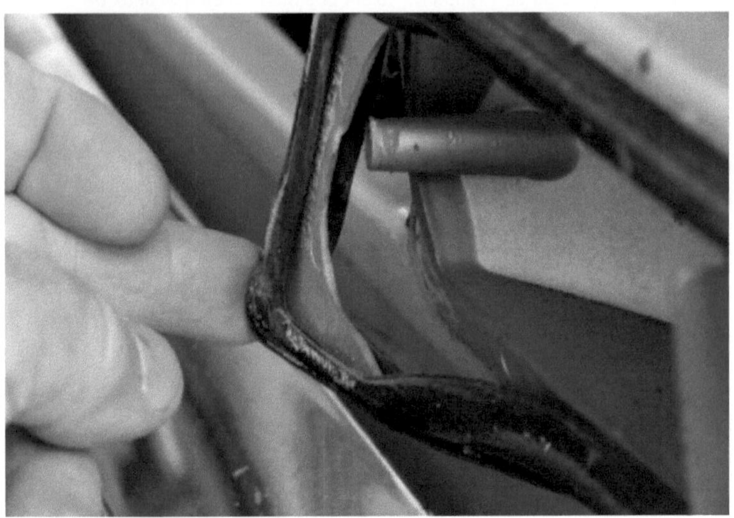

Bon ! Ce n'est pas trop grave ! La partie rompue se trouve en dehors de la zone de fixation du cabochon. Un bon coup de colle, et ça repartira comme en 14.

Pour faciliter le collage, je démonte le bloc clignotant-veilleuse, après avoir ôté la calandre, et démonté le phare. Contrairement aux voitures modernes, même s'il faut désosser une partie de la voiture pour atteindre l'organe défaillant, ce démontage reste simple… Enfin, moins compliqué !

Ce plastique n'est pas facile à coller, mais j'ai ma colle miracle ! J'en passe un peu sur les champs des deux morceaux, et rassemble le tout en serrant fort pendant 3 minutes. Je lâche le bout collé, et… celui-ci rejoint immédiatement le plancher des vaches. Mince ! C'est plus enquiquinant que prévu (je m'en serai douté… !).

Deuxième tentative ! Cette fois, je tiens plus longtemps ma pièce, en bougeant très légèrement les deux morceaux en début de collage ! Ça à l'air de tenir ! J'attends encore une heure. Las ! Le bout recollé gît sur le sol comme un pauvre malheureux.

Troisième tentative ! Je réitère ma deuxième méthode, mais cette fois, je maintiens les deux pièces en position et reviens au bout de 2 heures. Les deux morceaux ont l'air de tenir. Je remets le joint...

Erreur fatale ! Le collage lâche de nouveau ! Bon ! Je remets un peu de jaja, et recommence la troisième opération. Cette fois, je décide d'attendre toute la nuit, en essayant de bloquer l'ensemble pour ne pas retrouver un des deux morceaux sur le gravier, et surtout, en ne pleurant pas la colle. Tant pis si je me retrouve avec un bourrelet (le clignotant... pas moi !).

Dimanche 21 : Cette fois, ma réparation tient, et je peux refixer l'ensemble sur Titine. Je passe un petit coup de papier de verre et de bombe contact sur la zone de fixation, ainsi que sur la vis du bloc, car j'ai constaté que ce clignotant fonctionne beaucoup plus rapidement que celui de droite. C'est en principe le signe d'un mauvais contact, d'une lampe grillée, ou d'une ampoule n'ayant pas la bonne puissance. Les deux derniers points ayant été vérifiés au préalable, reste la mauvaise plaisanterie de la dame en rouge. Comme celle-ci a tendance à grignoter Titine dès que j'ai le dos tourné...je me méfie !

Pour le remontage, Je fais quand même gaffe de ne pas brusquer la bête. Un petit coup de Rustol sur la vis de fixation après serrage ne fait pas de mal.

Bon ! Côté clignotant-veilleuse, c'est OK. La vitesse de clignotement n'a pas changé, mais au moins, j'aurai tenté d'éliminer un des protagonistes de ce fonctionnement erratique.

Le temps passe, et je n'ai toujours pas la pièce commandée côté phare. Je n'ai acheté que la gauche pour limiter les frais.

Mercredi 22 mai : Je reçois un mail de la personne qui me vend le support avec accord sur le prix. Elle me l'envoie le jour même.

Je reçois mon colis 2 jours plus tard et vérifie immédiatement si la pièce, sujet de tous mes tracas, est bien en bon état. Super ! Pas d'usure en vue. Par contre, je constate avec surprise que cette brave Dame m'a mis le gauche et le droit. Évidemment, comme j'ai pu le constater sur la photo, une des pattes de fixation du support droit est cassée...

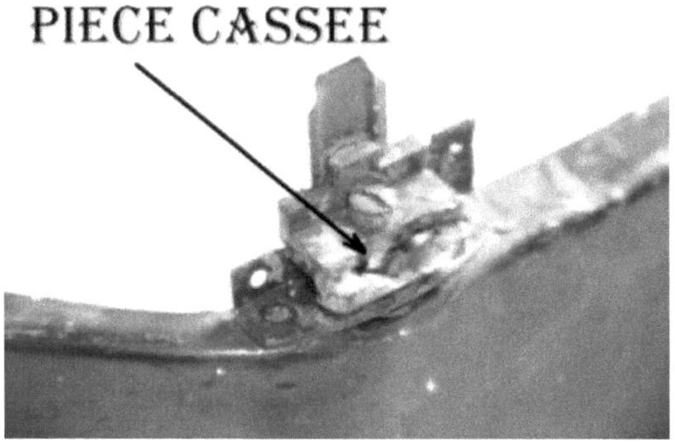

Mais qu'importe, celles-ci sont démontables, et c'est le gauche qui m'intéresse.

Je me retrouve donc avec une pièce de rechange en bon état (si je n'ai pas besoin de remplacer le côté droit). Autre constat ! Ces supports de phare sont en métal, alors que sur Titine, ils sont en plastique. M'en fou ! Elle passera au contrôle technique avec un côté métallique, et l'autre en plastique. L'essentiel, c'est que le phare tienne et qu'il soit réglable.

Je remonte donc ce nouvel ensemble en essayant, tant bien que mal, de prérégler la position du phare incriminé.

En cherchant sur le Net, je trouve un dessin indiquant comment aligner les deux optiques l'un par rapport à l'autre (pour éviter à Titine d'avoir un strabisme convergent ou divergent).

Le réglage paraît très simple... à condition d'avoir un minimum de 10 mètres de recul (ou 5 mètres en divisant certaines valeurs par 2) par rapport à un plan vertical et non-réfléchissant, et que la voiture soit sur une surface plane.

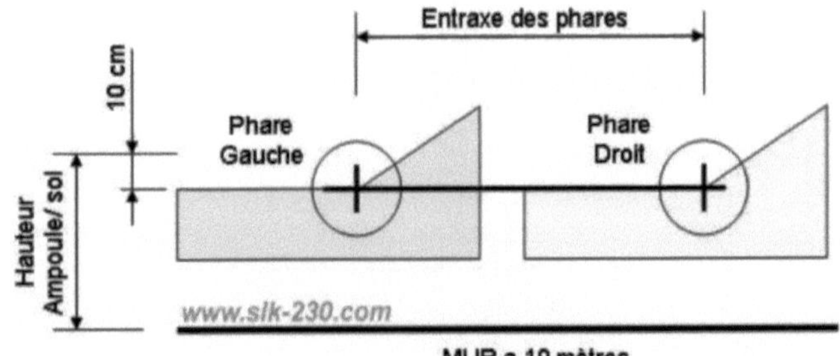

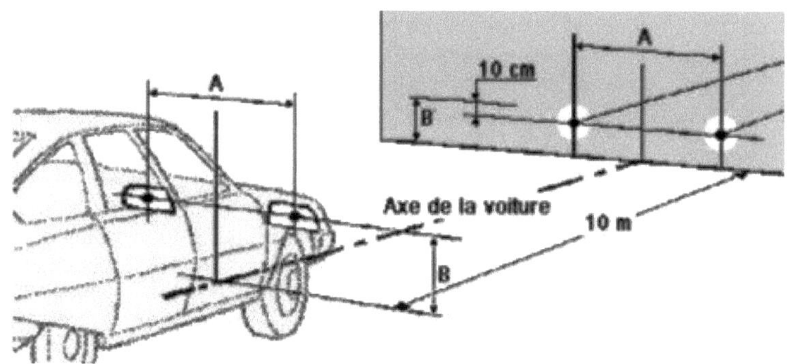

J'attends donc la nuit, et essaie la méthode sur les pare-vues de notre piscine. Pas glop, pas glop ! Même sans être bourré, J'ai du mal à voir où se situent l'horizontale et l'axe de la voiture. Je fais donc une approche pifométrique en me disant :

-        « Le garage est bien équipé et me peaufinera bien tout ça ! »

Lundi 29 mai : Je reprends contact avec le centre du contrôle technique pour obtenir un nouveau rendez-vous. Celui-ci est prévu pour le mercredi suivant (le 31 mai).

Me voilà donc avec Titine en ce mercredi matin du 31 mai de l'an de grâce 2017. Je suis assez confiant, puisque le contrôle ne porte que sur le phare gauche. Le contrôleur est celui qui a déjà vu Titine il y a deux ans. Il la place devant son appareil optique pour contrôler sa vision, et je le vois ressortir en me faisant signe que tout est OK ! Étonnant ! Il n'a repris aucun réglage de hauteur ou de strabisme ! Serais-je devenu bon en réglage de phare ? Ai-je fait juste ce qu'il fallait quand j'ai fait un ersatz de réglage contre le pare-vue de la piscine ? Je reste un peu surpris, et je vois le brave homme (là, il est brave) coller le macaron de bonne forme contre le pare-brise.

-        « C'est reparti pour deux ans » me dit-il avec le sourire.
-        « Je vais sans doute la passer en carte grise de collection... ! »
-        « Dans ce cas, n'oubliez pas de retirer le macaron, car en collection, il n'y en a pas besoin, et la maréchaussée risque de vous créer des ennuis. »

Quelle drôle d'idée ! Ma fois, s'il faut décoller le macaron, et bien, je décollerai.

Il ne reste plus qu'à attendre que les finances remontent pour pouvoir repasser devant l'administration, histoire de changer la carte grise. J'en profiterai aussi pour remettre des plaques noires avec des caractères blancs, beaucoup plus saillants que les plaques modernes.

Depuis ce jour où le médecin de contrôle pour véhicule ayant plus de 5 ans a déclaré Titine apte à circuler sur nos belles routes de campagne, celle-ci est devenue mon traîne-couillon de tous les jours.

En effet, ayant pratiqué une biopsie de la courroie de distribution sur ma C5, opération qui dure depuis plusieurs jours (vacherie de voiture moderne où l'accès devient plus compliqué que la visite d'une ambassade américaine par un groupe de terroristes cagoulés), c'est mon petit cabriolet blanc qui me sert pour aller faire les courses. C'est grâce à lui que j'ai pu récupérer quelques outils particuliers, accompagnés des conseils de ce brave JP (tiens, cela faisant longtemps !). Étonnamment, depuis le jour où je me suis lancé dans cette aventure casse-cou, que même mes collègues mécanos amateurs confirmés avouent ne plus vouloir tenter, tout en me prodiguant des « bon courage » (ce qui ne me rassure pas du tout), ma brave Titine est devenue un exemple de fiabilité. Plus de démarreurs faisant la grève tournante, plus de température jouant au yo-yo en me provoquant des montées d'adrénaline presque fatales, et plus de voyants brillants par leur absence... Le rêve quoi ! C'est un peu comme si elle avait compris que c'est elle maintenant la grande sœur responsable, en attendant que l'autre sorte de convalescence. La torture physique et morale que me fait subir cette opération courroitesque, se trouve atténuée par l'ocytocine que me provoque le fait de rouler pénard avec mon petit destrier blanc, casquette au vent, et soleil qui me crame le nez... car en plus il fait beau... Que du bonheur quoi ! Mais que nous réserve la suite ?

Table des matières